KB111604

PICKLE 피클

55°

CONTENTS

피클, 가장 쉬운 건강 요리입니다

모든 음식이 그렇듯이 맛있는 피클을 만들기 위해서는 좋은 재료가 필요합니다. 피클은 식초, 설탕, 소금, 향신료, 허브가 조화롭게 어울려 숙성되면 독특한 맛을 만들어냅니다. 여러 가지 재료를 알맞게 배합하는 것도 중요하지만 무엇보다 신선한 재료에서 우러나오는 감칠맛이 가장 중요합니다. 피클에 사용하는 재료는 채소, 과일, 해산물, 달걀 등으로 매우 다양합니다. 평범한 재료지만 각각의 맛과 향, 영양 성분을 지니고 있으며, 이를 고스란히 맛볼 수 있는 음식이 바로 피클입니다.

피클을 만드는 방법은 아주 간단합니다. 손질한 재료를 피클 주스에 담가 일정 시간 숙성시키면 됩니다. 재료를 선택할 때는 제철에 난 것, 입맛에 맞는 것, 쓰임새가 적절한 것을 고릅니다. 채소나 과일은 제철 재료가 맛도 영양도 풍부합니다. 해산물은 냉동식품을 사용하게 된다면 다른 제철 채소를 곁들여 신선함과 영양을 더합니다. 달걀이나 메추리알은 구하기 쉬운 재료지만 더 특별하게 즐길 수 있는 기회를 줍니다.

피클은 건강한 저장식품입니다. 재료가 가장 싱싱할 때 피클을 만들어두면 언제든지 재료 본연의 맛을 즐길 수 있습니다. 피클에 들어가는 여러 가지 향신료와 허브는 맛과 향도 좋지만 항균 및 방부 작용에 탁월한 것도 많습니다. 끼니마다 새로운 요리를 만들기 어렵다면 피클 몇 가지로 풍성함과 맛, 영양을 더해보면 어떨까요. 게다가 피클 한두 가지만 있으면 샐러드, 샌드위치, 디저트 등 색다른 활용 요리도 만들 수 있답니다.

🗂 **책 속 레시피**는 주재료, 피클 주스, 보관 기간을 한눈에 확인할 수 있게 구성했습니다. 피클은 재료의 종류와 피클 주스의 배합에 따라 보관 기간이 조금씩 다르기 때문에 가장 맛있게 먹을 수 있는 숙성기간을 표시했습니다.

🗂 **피클 주스**는 물 : 식초 : 설탕의 비율이 2 : 1 : 1입니다. 소금은 집집마다 염도가 다르기 때문에 간을 보면서 맞추면 됩니다. 기본 비율을 토대로 입맛에 맞는 여러 가지 향신료와 허브를 첨가하고, 신맛과 단맛을 내는 재료도 다양하게 바꿔가면서 나만의 레시피를 만들어봅니다.

🗂 **피클 재료**는 여러 가지를 섞어서 만들 수 있습니다. 단, 단단하기가 비슷하고, 일정한 크기로 썰어야 맛이 균일하게 밸 수 있습니다. 재료가 피클 주스에 푹 잠겨야 잘 숙성되므로 처음에는 무거운 것으로 눌러 보관하면 좋습니다.

🗂 **활용 요리**는 피클을 이용해 만들 수 있는 다양한 요리법을 알려드립니다. 책 속 아이디어 이외에도 본인이 즐겨 만드는 요리에 여러 가지 피클을 활용해 초간단 아이디어 메뉴를 개발해보세요.

TOP PICKLE 3

아삭아삭하면서 새콤달콤한 맛이 좋은 피클은 여러 요리에 두루 곁들여 먹을 수 있다. 짧고 굵은 피클용 오이나 멕시코 산 매운 고추인 할라피뇨로 담근 피클은 시판 제품을 구입해 먹을 수는 있지만 신선한 재료를 구하기가 어려워 집에서 만들기 쉽지 않다. 대신 주변에서 쉽게 구할 수 있는 오이, 무, 당근, 양배추 등으로 활용 만점 인기 피클을 만들어보자.

피클은 재료 본래의 맛과 향, 피클 주스에 들어가는 다양한 재료와 향신료, 허브가
조화를 이루며 알맞게 익었을 때 가장 맛있다.

CUCUMBER

아삭하고 시원한 맛이 좋은

오이피클

백다다기 오이 3개(500g)
마늘 3쪽
굵은소금 적당량

물 1컵
사과 식초 1컵
설탕 1컵
머스터드 씨 1작은술
통후추 $\frac{1}{2}$작은술

냉장실에서 2주일

01 오이의 표면을 스펀지 등으로 문질러 흐르는 물에 씻은 다음
굵은소금을 뿌려 골고루 문질러 다시 한 번 물에 헹궈 물기를 제거한다.

02 오이 양 끄트머리는 약간 잘라내고 용기 길이에 맞춰
길쭉하게 썬 다음 십자로 4등분 한다.

03 마늘은 껍질을 벗겨 꼭지를 떼고 편으로 썬다.

04 냄비에 피클 주스 재료를 넣고 설탕이 녹을 때까지 끓인다.

05 용기에 ②의 오이와 ③의 마늘을 섞어 담는다.

06 ④의 끓인 피클 주스가 뜨거울 때 ⑤에 붓는다.

07 뚜껑을 덮고 병을 거꾸로 세워 실온에서 식힌 후 냉장실에 보관한다.

08 1~2일 정도 숙성한 후 먹는다.

+TIP

+ 피클을 오래 두고 먹고 싶으면 오이씨를 도려낸다. 씨가 있으면 오이가 쉽게 무르고,
물이 생겨 피클 주스 맛이 묽어질 수 있다.

+ 상쾌한 맛을 더하고 싶다면 신선한 딜을 2줄기 정도 넣는다.

+ 칼칼한 맛을 내고 싶다면 베트남 고추를 4개 정도 넣는다. 마른 고추를 3~4등분 해
씨를 털어내고 넣어도 좋다.

+ 타르타르 소스(오이피클 4 $\frac{1}{2}$큰술, 삶은 달걀 2개, 양파 $\frac{1}{4}$개, 마요네즈 6큰술, 소금 $\frac{1}{4}$작은술,
레몬즙·디종 머스터드 1작은술씩, 파슬리 약간)를 만들 때 오이피클을 다져 섞는다.

● 오이피클 만드는 법

오이는 길쭉하게 썬다.

길게 썬 오이는 4등분 한다.

씨는 그대로 둔다.

설탕을 넣는다.

통후추와 머스터드 씨를 넣는다.

고루 섞어 한소끔 끓인다.

마늘은 편으로 썬다.

물과 식초를 계량해 섞는다.

냄비에 물과 사과 식초를 붓는다.

용기에 오이를 담는다.

용기에 마늘을 담는다.

피클 주스를 붓는다.

CARROT&
RADISH

사계절 내내 만들어 먹을 수 있는

무 당근피클

무 200g
당근 100g
굵은소금 ½큰술

물 1½컵
레몬 식초 ¼컵
설탕 ¼컵
소금 ½작은술
통후추 ½작은술
월계수 잎 2장

냉장실에서 1개월

01 무와 당근은 껍질을 벗기고 깨끗이 씻어 물기를 제거한 다음 얇게 채 썬다.

02 채 썬 무와 당근은 굵은소금에 함께 버무려 10분 정도 절인다.

03 절인 무와 당근은 물에 헹궈 체에 밭쳐 물기를 뺀다.

04 냄비에 분량의 피클 주스 재료를 모두 담고 설탕이 녹을 때까지 끓인다.

05 용기에 절인 무와 당근을 골고루 섞어 담는다.

06 피클 주스가 뜨거울 때 ⑥에 붓는다.

07 뚜껑을 덮어 병을 거꾸로 뒤집어 실온에서 식힌 후 냉장실에 보관한다.

08 1~2일 정도 숙성한 후 먹는다.

+TIP

+ 매콤한 맛을 내고 싶다면 청양고추 1개를 0.5cm 두께로 송송 썰어 넣는다.

+ 채 썰기가 어렵다면 슬라이스나 필러로 얇게 밀어 피클을 담가도 좋다.

● 무 당근피클 만드는 법

무는 납작하게 썬다.

납작하게 썬 무를 채 썬다.

채 썬 무를 그릇에 담는다.

골고루 섞어 10분 동안 절인다.

절인 무와 당근은 물에 헹군다.

체에 밭쳐 물기를 뺀다.

당근은 납작하게 썬다.

납작하게 썬 당근은 채 썬다.

무와 당근은 섞어 굵은소금을 뿌린다.

모든 재료를 넣고 피클 주스를 끓인다.

절인 무와 당근을 용기에 담는다.

뜨거운 피클 주스를 붓는다.

CABBAGE

아삭하고 개운하게 입맛 돋우는

양배추피클

양배추 1/8통
적양배추 1/8통
셀러리 잎 1줄기 분량

물 1컵
현미 식초 1/4컵
설탕 2큰술
소금 1작은술
마른 고추 2개
월계수 잎 2장

냉장실에서 1개월

01 양배추와 적채는 깨끗이 씻어 겉잎을 벗긴다.

02 가운데 굵은 심을 제거한 다음 채 썬다.

03 마른 고추는 가위로 큼직하게 잘라 씨를 털어낸다.

04 셀러리는 잎만 떼어내 깨끗이 씻어 물기를 없앤다.

05 냄비에 피클 주스 재료를 넣고 설탕이 녹을 때까지 끓인다.

06 용기에 채 썬 양배추를 담고 ④의 셀러리 잎을 얹는다.

07 뜨거운 피클 주스를 ⑥에 붓는다.

08 뚜껑을 덮고 병을 거꾸로 뒤집어 실온에서 반나절 식힌 후 냉장실에 보관한다.

09 1~2일 정도 숙성한 뒤 먹는다.

+TIP

+ 셀러리는 주로 줄기를 먹기 때문에 남은 잎은 모아두었다가
  피클 담글 때 활용하면 은은한 향을 낼 수 있다.

+ 양배추는 한입 크기로 사각 썰기 하여 피클을 담가도 좋다.

● 양배추피클 만드는 법

모든 양배추는 겉잎을 떼고 깨끗이 씻는다.

양배추를 1/4등분 한다.

양배추를 얇게 채 썬다.

마른 고추의 씨는 털어낸다.

피클 주스 재료를 섞는다.

피클 주스를 끓인다.

채 썬 양배추를 그릇에 담는다.

적양배추도 얇게 채 썬다.

양배추·적양배추 채는 그릇에 담아 섞는다.

양배추채를 용기에 담는다.

뜨거운 피클 주스를 붓는다.

향신료 건더기를 올린다.

01

VEGETABLE PICKLE

채소로
만드는
피 클

채소

PICKLE

우리가 흔히 먹는 피클의 재료는 오이, 무, 당근, 양배추, 할라피뇨(멕시코 산 매운 고추) 등이 대표적이다. 단단한 질감이라 수분이 빠져도 아삭한 맛이 좋거나 숙성해도 쉽게 물러지지 않는 채소를 주로 활용한다. 물러지기 쉬운 잎채소가 아니라면 어떤 종류의 식재료든 피클을 담가 먹을 수 있다. 우리가 반찬으로 즐겨 먹는 우엉과 연근, 색색이 고운 파프리카와 토마토, 부드러운 질감의 가지와 버섯, 최근 주목받는 아스파라거스와 콜라비, 비트 등 입맛에 맞는 제철 채소 무엇이든 가능하다.

오이 파프리카피클

오이 아스파라거스피클

살캉살캉 씹는 맛이 좋은
오이 아스파라거스피클

오이 1개(200g)
아스파라거스 3대
굵은소금 1작은술
마른 고추 1개

물 ½컵
화이트 식초 ⅔컵
설탕 6큰술
소금 2작은술
월계수 잎 2장
통후추 1작은술
정향 10개

냉장실에서 2주일

01 오이는 흐르는 물에 씻어 동그란 모양을 살려 0.5cm 두께로 썬다.

02 아스파라거스는 딱딱한 밑동을 2cm 정도 잘라내고
필러로 두꺼운 껍질을 벗겨 3cm 길이로 썬다.

03 손질한 아스파라거스를 오이와 함께 소금을 뿌려
20분 정도 절인 다음 물에 헹궈 물기를 제거한다.

04 마른 고추는 반으로 갈라 씨를 털어내고 0.5cm 폭으로 얇게 썬다.

05 냄비에 피클 주스 재료를 넣고 설탕이 녹을 때까지 중간 불에 끓여 차게 식힌다.

06 용기에 오이와 아스파라거스, 마른 고추를 담고 차게 식혀둔 피클 주스를 붓는다.

07 뚜껑을 덮고 병을 거꾸로 뒤집어 냉장실에 보관한다.

08 1~2일 정도 숙성한 다음 먹는다.

+TIP

+ 피클용 오이는 물이 많고 아삭한 맛이 좋은 백다다기 오이(조선 오이)를 사용하는 것이 좋다.

+ 미니 아스파라거스로 만들 경우 밑동이나 겉껍질을 제거하지 않아도 되고,
소금에 절일 필요 없이 한입 크기로 썰면 된다.

+ 마른 고추는 가위로 자르면 얇게 썰기가 한결 수월하다.

● 오이 아스파라거스피클 만드는 법

오이는 양 끄트머리를 잘라낸다.

손질한 오이를 얇게 썬다.

마른 고추는 송송 썬다.

마른 고추의 씨를 털어낸다.

오이와 아스파라거스에 굵은소금을 뿌린다.

아스파라거스는 필러로 껍질을 살짝 벗긴다.

아스파라거스를 한입 크기로 썬다.

골고루 섞어 20분간 절였다가 물에 헹궈 물기를 뺀다.

피클 주스를 끓여 차게 식힌 다음 붓는다.

● 오이 파프리카피클 만드는 법

도마에 굵은소금을 펼쳐놓는다.

오이를 소금 위에 얹어 굴려 물에 헹군다.

오이는 한입 크기로 썬다.

파프리카는 씨를 빼고 한입 크기로 썬다.

손질한 재료와 피클 주스를 섞는다.

랩을 덮어 전자레인지에 3분 정도 가열한다.

전자레인지로 뚝딱 만드는
오이 파프리카피클

🧺
오이 1개(200g)
파프리카 1/2개(100g)
홍고추 1개
굵은소금 약간

🥫
물 1/3컵
사과 식초 2/3컵
설탕 5큰술
소금 2작은술
월계수 잎 1장

🔒
냉장실에서 1개월

01 오이는 도마에 굵은소금을 뿌려 손으로 가볍게 누르며 여러 번 굴린다.

02 오이는 흐르는 물에 헹궈 물기를 제거한 다음 양 끄트머리를 약간씩 잘라내고 한입 크기로 썬다.

03 파프리카는 깨끗이 씻어 꼭지와 씨를 제거하고 한입 크기로 썬다.

04 홍고추는 깨끗이 씻어 꼭지를 떼고 0.5cm 두께로 어슷하게 썰어 씨를 대강 털어낸다.

05 내열 용기에 피클 주스 재료를 모두 넣고 랩을 씌워 전자레인지에서 3분 정도 가열해 골고루 섞는다.

06 ⑤에 손질한 채소를 모두 넣고 골고루 섞어 랩을 씌운 뒤 다시 전자레인지에 넣어 3분 정도 가열한다.

07 용기에 ⑥의 채소와 피클 주스를 함께 담아 실온에서 식힌 후 냉장실에 보관한다.

08 2~3시간 숙성한 다음 먹는다.

+ TIP

+ 전자레인지에서 설탕이 녹을 정도로만 가열하기 때문에 시간은 조금씩 달라질 수 있다.

+ 양배추를 한입 크기로 사각 썰기 하여 피클 재료에 섞어도 좋다. 재료의 양이 많아지면 전자레인지에서 가열하는 시간도 늘어나야 한다. 설탕이 모두 녹고 오이가 살짝 절여진 상태가 되도록 데운다.

+ 전자레인지에 채소와 피클 주스를 함께 넣고 데우면 채소의 수분이 빠지면서 피클 주스의 맛이 채소 속까지 잘 스며든다.

아삭함 살린 향긋한 피클
양배추 깻잎피클

양배추 1/8통
적양배추 1/8통
깻잎 12장

물 1컵
현미 식초 1/4컵
설탕 2큰술
소금 1작은술
통후추 1작은술

냉장실에서 1개월

01 양배추와 적양배추는 겉잎을 제거하고 깨끗이 씻어 한 잎씩 뜯어낸다.

02 깻잎은 깨끗이 씻어 꼭지를 떼어낸 후 물기를 뺀다.

03 용기에 양배추, 적양배추, 깻잎을 번갈아가며 켜켜이 쌓는다.

04 냄비에 피클 주스 재료를 넣고 설탕이 녹을 때까지 끓여 차갑게 식힌다.

05 ③에 차갑게 식힌 피클 주스를 붓고 뚜껑을 덮은 뒤 병을 거꾸로 뒤집어 냉장실에 보관한다.

06 2일 정도 숙성한 뒤 먹는다.

+TIP

+ 피클 주스가 뜨거울 때 부으면 깻잎의 색이 누렇게 변하고 양배추의 아삭한 맛도 떨어진다.

+ 양배추와 깻잎이 위로 떠오르지 않도록 작은 종지 등으로 꼭꼭 눌러 보관하면 좋다.

● 양배추 깻잎피클 만드는 법

양배추는 시든 겉잎을 모두 떼어낸다.

양배추를 2~3등분 해 낱장으로 잎을 뗀다.

용기 높이 정도로 쌓는다.

용기의 넓이에 맞게 잘라낸다.

양배추를 깻잎과 비슷한 크기로 썬다.

적양배추, 양배추, 깻잎을 켜켜이 포갠다.

용기에 차곡차곡 담는다.

한소끔 끓여 차게 식힌 피클 주스를 붓는다.

무보다 아삭한 맛이 좋은

콜라비피클

🧺
자색 콜라비 1개(600g)

🥫
물 1컵
사과 식초 ½컵
설탕 ½컵
소금 ¼큰술
통후추 5알
월계수 잎 2장

🔒
냉장실에서 1개월

01 콜라비는 깨끗이 씻어 줄기가 달린 꼭지를 자르고 껍질째 둥근 모양을 살려 얇게 썬다.

02 냄비에 피클 주스 재료를 넣고 설탕과 소금이 녹을 때까지 중간 불에서 끓인다.

03 용기에 ①의 콜라비를 차곡차곡 쌓아 담는다.

04 ③에 뜨거운 피클 주스를 붓는다.

05 뚜껑을 덮고 병을 거꾸로 뒤집어 실온에서 식혀 냉장실에 보관한다.

06 2~3일 동안 숙성한 뒤 먹는다.

+TIP

+ 껍질째 먹는 콜라비는 베이킹소다로 문질러 헹구거나 베이킹소다를 푼 물에 담가 깨끗이 씻는다.

+ 콜라비는 색깔에 상관없이 골라도 된다.

+ 콜라비를 얇게 썰기 어렵다면 슬라이서를 이용하거나 도톰하게 썰어 소금에 잠시
  절여두었다가 헹궈 피클을 만들면 된다.

+ 콜라비 대신 수분이 적고 단단한 총각무나 순무로 대신해도 좋다.

● 콜라비피클 만드는 법

줄기가 달린 꼭지 부분은 잘라낸다.

둥근 모양을 살려 얇게 슬라이스 한다.

용기 윗부분까지 꽉 채워 담는다.

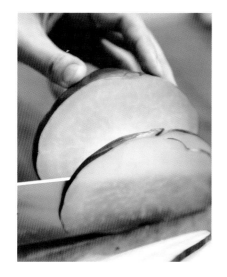  

사이즈가 맞는 용기에 차곡차곡 담는다.

피클 주스를 끓인다.

뜨거운 피클 주스를 재료가 잠기도록 붓는다.

오렌지의 맛과 향이 듬뿍 밴

콜라비 오렌지피클

🧺
자색 콜라비 1개(300g)
오렌지 1개
굵은소금 1/4컵

🔲
물 1컵
화이트 식초 1/2컵
설탕 1/2컵
소금 1작은술
통후추 1/2작은술
월계수 잎 2장

🔒
냉장실에서 1개월

01 콜라비는 깨끗이 씻어 둥근 모양을 살려 껍질째 1cm 두께로 썬 다음
다시 1cm 굵기의 막대 모양으로 썬다.

02 콜라비에 굵은소금을 뿌리고 버무려 20분 정도 절인 뒤 흐르는 물에 헹궈 체에 받친다.

03 오렌지는 껍질을 벗기고 과육 부분만 바른다.

04 냄비에 피클 주스 재료를 넣고 설탕이 녹을 때까지 중간 불에서 끓인다.

05 용기에 손질한 콜라비와 오렌지를 섞어 담고 피클 주스를 붓는다.

06 뚜껑을 덮고 병을 거꾸로 뒤집어 실온에서 식힌 후 냉장실에 보관한다.

07 2~3일 정도 숙성한 뒤 먹는다.

`+TIP`

+ 오렌지의 과육만 발라내기 어려우면 얇은 속껍질은 그대로 둔 채 한입 크기로 썬다.

+ 홍합과 오징어를 삶아 콜라비 오렌지피클과 섞은 다음 올리브 오일 드레싱을 뿌리면 해산물 샐러드가 된다.

● 콜라비 오렌지피클 만드는 법

둥근 모양을 살려 껍질째 1cm 두께로 썬다.

막대 모양으로 썬다.

굵은소금을 뿌려 20분 정도 절인다.

절인 콜라비는 물에 헹궈 물기를 뺀다.

오렌지는 살만 발라내기 쉽게 껍질을 벗긴다.

피클 주스 재료를 냄비에 넣고 설탕을 넣어 녹을 때까지 중간 불에서 끓인다.

콜라비가 휘어질 정도로 절인다.

과육 부분만 발라낸다.

용기에 콜라비와 오렌지를 담는다.

뜨거운 피클 주스를 붓는다.

아스파라거스피클

● 아스파라거스피클 만드는 법

아스파라거스를 용기 길이에 맞게 썬다.

세워서 용기에 담는다.

마늘은 칼등으로 으깬다.

용기에 으깬 마늘을 담는다.

송송 썬 마른 고추도 담는다.

피클 주스를 끓여 한 김 식혀 붓는다.

담백함에서 우러나는 새콤달콤함

아스파라거스피클

🧺
아스파라거스 10대
마늘 2쪽
마른 홍고추 1개

⬛
물 1컵
화이트 식초 1/2컵
설탕 4큰술
소금 1작은술
피클링 스파이스 1큰술

🔒
냉장실에서 1개월

01 아스파라거스는 딱딱한 밑동을 2cm 정도 잘라내고 필러로 두꺼운 껍질을 벗긴다.

02 마늘은 꼭지를 떼고 칼등으로 으깬다.

03 마른 고추는 반을 갈라 씨를 털어내고 0.5cm 폭으로 얇게 썬다.

04 끓는 물에 ①의 아스파라거스를 넣고 10~15초간 데쳐 찬물에 재빨리 헹궈 물기를 뺀다.

05 냄비에 피클 주스 재료를 넣고 설탕이 녹을 때까지 중간 불에 끓여 한 김 식힌다.

06 용기에 아스파라거스, 마늘, 홍고추를 담고 식혀둔 피클 주스를 붓는다.

07 뚜껑을 덮어 끓는 물에 넣고 10분 정도 끓인다.

08 반나절 정도 실온에서 식힌 후 냉장실에 보관한다.

09 2~3일 숙성한 다음 먹는다.

+TIP

+ 마른 고추는 가위를 사용하면 잘게 썰기가 수월하다.

+ 미니 아스파라거스를 사용하면 소금에 절이거나 물에 끓여 익힐 필요 없이
그대로 사용해도 되지만, 맛과 향이 약한 편이다.

+ 크림치즈, 다진 마늘, 후춧가루를 섞어 크림을 만든 다음 슬라이스 햄에 얹고 아스파라거스피클과
돌돌 말아 먹는다. 전채 요리, 간식, 술안주 등으로 두루 활용할 수 있다.

맵지 않고 개운하게
고추 미니 파프리카피클

아삭이 고추 10개
미니 파프리카 4개

물 1컵
레몬 식초 ½컵
설탕 ½컵
소금 ½큰술
마늘 1쪽
피클링 스파이스 1작은술
월계수 잎 2장

냉장실에서 2개월

01 아삭이 고추와 미니 파프리카는 깨끗이 씻어 꼭지의 끄트머리 부분을 가위로 자른다.

02 피클 주스가 잘 배도록 이쑤시개로 고추를 군데군데 찔러 구멍을 3~4개 낸다.

03 냄비에 피클 주스 재료를 넣고 설탕이 녹을 때까지 끓여 식힌다.

04 용기에 고추와 파프리카를 담고 피클 주스를 붓는다.

05 2일 후 피클 주스만 따라 내어 끓여 식힌 후 다시 붓는다.

+TIP

+ 마른 고추, 홍고추, 청양고추 등을 송송 썰어 넣으면 매운맛을 즐길 수 있다.

+ 고추와 파프리카는 씨를 빼고 한입 크기로 썰거나 채 썰어 피클을 만들어도 좋다.

+ 고기 요리에 곁들여 서빙하거나 피자의 토핑용으로 사용한다.

● 만드는 법

꼭지를 짧게 자른다.

고추와 파프리카에 구멍을 낸다.

용기에 세워 담는다.

뜨거운 피클 주스를 붓는다.

완두 풋콩피클

줄기콩피클

검은콩피클

● 완두 풋콩피클 만드는 법

완두콩과 풋콩은 끓는 물에 데친다.

데친 콩은 체에 밭쳐 물기를 완전히 뺀다.

피클 주스용 생강은 겉껍질을 얇게 벗겨낸다.

생강을 편으로 얇게 썬다.

용기에 모든 재료를 담고 피클 주스를 붓는다.

풋풋하고 신선한

완두 풋콩피클

삶은 완두콩 100g
삶은 풋콩 100g

물 1/3컵
사과 식초 1/2컵
설탕 4 1/2큰술
소금 1작은술
생강 2cm 길이 2쪽

냉장실에서 1개월

01 완두콩과 풋콩의 껍질을 까서 깨끗이 씻은 다음 끓는 물에 살짝 데쳐 초록색이 선명해지면 체에 밭쳐 물기를 뺀다.

02 생강은 껍질을 벗겨 편으로 썬다.

03 냄비에 피클 주스 재료를 넣고 설탕과 소금이 녹을 때까지 중간 불에 끓인다.

04 용기에 삶은 완두콩과 풋콩을 담고 피클 주스를 붓는다.

05 뚜껑을 덮고 병을 거꾸로 뒤집어 실온에서 식힌 후 냉장실에 보관한다.

06 하루 정도 숙성한 다음 먹는다.

+TIP

+ 통조림 콩을 사용할 때는 체에 밭쳐 물기를 뺀 다음 끓는 물을 끼얹어 살짝 데친다.

+ 피클을 만들 때 다양한 종류의 콩을 섞어도 좋은데, 크기에 따라 익는 속도가 달라 알이 큰 것은 초벌로 삶아 피클을 만든다.

+ 카레 가루 1작은술과 홍고추 1개를 잘게 썰어 피클에 섞으면 색다른 맛이 난다.

+ 생강 대신 같은 양의 마늘을 편으로 썰어 넣어도 된다.

+ 방울토마토에 섞어 올리브 오일로 드레싱을 만들면 샐러드로 활용할 수 있다.

● 줄기콩피클 만드는 법

줄기콩은 끓는 물에 데친다.

데친 줄기콩은 체에 밭쳐 물기를 완전히 뺀다.

줄기콩을 세워 용기에 가지런하게 담는다.

뜨거운 피클 주스를 붓는다.

부드럽게 즐기는
줄기콩피클

🧺
줄기콩(그린 빈) 200g

🥫
물 1컵
현미 식초 ½컵
설탕 ½컵
소금 ½큰술
피클링 스파이스 ½큰술

🔒
냉장실에서 1개월

01 줄기콩은 깨끗이 씻는다.

02 끓는 물에 소금을 넣고 줄기콩을 살짝 데친 뒤 찬물에 헹궈 물기를 뺀다.

03 냄비에 피클 주스 재료를 넣고 설탕과 소금이 녹을 때까지 중간 불에 끓인다.

04 용기에 줄기콩을 세워 담고 피클 주스가 뜨거울 때 붓는다.

05 뚜껑을 덮고 병을 거꾸로 뒤집어 반나절 정도 실온에서 식힌 후 냉장실에 보관한다.

06 3일 후 피클 주스를 따라 내어 다시 한 번 끓여 완전히 식히고
붓기를 2회 반복하고 냉장 보관한다.

07 1주일 정도 숙성한 뒤 먹는다.

+ T I P

+ 아스파라거스피클용 피클 주스에 줄기콩을 익혀 먹어도 별미다.
+ 냉동 줄기콩은 데치지 말고 완전히 녹여 물기를 뺀 다음 피클을 만든다.

● 검은콩피클 만드는 법

불린 콩을 달군 팬에 넣고 껍질이 살짝 벗겨질 정도로 볶는다.

용기에 볶은 콩을 담는다.

피클 주스를 끓인다.

뜨거운 피클 주스를 붓는다.

2시간 정도 숙성한 후 먹는다.

볶아서 만들어 고소한

검은콩피클

🧺
검은콩(서리태) 200g

🔲
현미 식초 1 $\frac{1}{5}$컵
물 $\frac{1}{5}$컵
설탕 1큰술
소금 $\frac{1}{2}$작은술
월계수 잎 1장
말린 고추 1개
통후추 5알
생강 2cm 길이 1쪽

🔒
냉장실에서 1개월

01 검은콩은 물에 헹궈 30분~1시간 정도 물에 담가 불려 체에 밭쳐 물기를 뺀다.

02 달군 팬에 ①을 넣고 센 불에서 볶아 수분을 날린다.

03 물기가 마르면 약한 불로 줄여 15~20분 정도 콩 껍질이 살짝 벗겨질 정도로 볶는다.

04 냄비에 피클 주스 재료를 넣고 설탕과 소금이 녹을 때까지 중간 불에 끓인다.

05 용기에 볶은 콩을 담고 뜨거운 피클 주스를 붓는다.

06 뚜껑을 덮고 병을 거꾸로 뒤집어 실온에서 식힌 후 냉장실에 보관한다.

07 2시간 정도 숙성한 뒤 먹는다.

+ T I P

+ 피클을 오랫동안 두고 먹으려면 피클 주스 분량을 많이 만들고, 콩이 떠오르면 무거운 것으로 눌러 보관한다. 피클은 건더기가 주스에 잠겨 있으면 오래 두고 먹을 수 있다.

+ 사워크림, 체더치즈, 고추피클, 살사소스와 섞어 나초에 얹어 먹으면 맛있다.

말랑말랑 부드럽고 맛 좋은

가지피클

가지 2개(200g)

물 1컵
식초 1/4컵
설탕 1큰술
소금 1/2작은술
마늘 1쪽
월계수 잎 1장
파프리카 가루 1/2작은술

냉장실에서 2주일

01 가지는 깨끗이 씻어 물기를 제거한 후 꼭지를 제거하고 0.7~0.8cm 폭으로 도톰하게 썬다.

02 마늘은 꼭지를 제거하고 편으로 썬다.

03 냄비에 가지와 물 한 컵을 붓고 중간 불에 올려 끓어오르면 피클 주스 재료를 넣고 1분 정도 끓인다.

04 용기에 ③을 모두 담는다.

05 뚜껑을 덮고 병을 거꾸로 뒤집어 실온에서 식힌 후 냉장실에 보관한다.

06 2~3일 정도 숙성한 다음 먹는다.

+TIP

+ 가지는 한입 크기로 도톰하게 썰어도 된다.
+ 버섯, 양파 등을 볶아 잘게 썬 가지피클과 함께 구운 빵에 올려 먹으면 맛있다.

● 만드는 법

가지의 양 끄트머리는 잘라낸다.　가지를 도톰하게 모양 살려 썬다.　가지에 물 한 컵을 붓고 끓인다.　피클 주스 재료를 넣고 함께 끓여 용기에 담는다.

쫄깃한 맛이 입맛 돋우는

버섯피클

표고버섯 80g
새송이버섯 80g
팽이버섯 80g
느타리버섯 80g
다진 마늘 1작은술
올리브 오일 3큰술
소금·후추 약간씩

물 1큰술
맛술 1큰술
현미 식초 3/4컵
올리브 오일 2큰술
소금 1작은술
설탕 1작은술
통후추 1/2작은술
치킨스톡(큐브) 1개

냉장실에서 1주일

01 표고버섯은 밑동을 제거하고 0.3cm 폭으로 썬다.
　　　새송이버섯도 표고버섯과 비슷한 두께로 썬다.

02 팽이버섯과 느타리버섯은 밑동을 제거하고 먹기 좋게 가닥가닥 나눈다.

03 올리브 오일을 둘러 달군 팬에 다진 마늘을 넣고 볶아 향을 낸다.

04 팬에 버섯을 모두 넣고 소금, 후추로 간해 숨이 가라앉을 때까지 볶는다.

05 냄비에 피클 주스 재료를 모두 넣고 설탕과 소금이 녹을 때까지 끓인다.

06 ⑤를 불에서 내리고 뜨거울 때 손질한 버섯을 넣어 골고루 섞는다.

07 용기에 ⑥을 담고 뚜껑을 덮어 병을 거꾸로 뒤집어 실온에서
　　　식힌 후 냉장실에 보관한다.

08 1시간 정도 숙성한 뒤 먹는다.

+TIP

+ 계절과 입맛에 따라 여러 가지 버섯을 골고루 활용해도 좋다.

+ 샌드위치에 넣어 먹거나 그린 샐러드 토핑으로 곁들여 구운 빵과 함께 먹으면 맛있다.

● 버섯피클 만드는 법

버섯은 좋아하는 종류로 준비한다.

팽이버섯은 밑동을 자른다.

팽이버섯과 느타리버섯을 가닥가닥 나눈다.

너무 긴 것은 반으로 썬다.

마늘은 굵게 다진다.

달군 팬에 마늘을 볶는다.

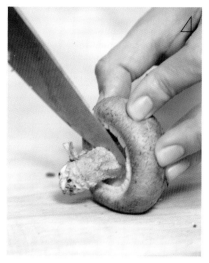

표고버섯의 밑동을 자른다.

표고버섯을 얇게 썬다.

새송이버섯도 길이로 얇게 썬다.

손질한 모든 버섯을 넣고 숨이 가라앉도록 볶아 뜨거운 피클 주스에 섞는다.

피클 주스와 버섯을 용기에 담는다.

콜리플라워피클

콜리플라워 카레피클

브로콜리피클

● 브로콜리피클 만드는 법

브로콜리의 질긴 밑동 부분을 잘라낸다.

브로콜리는 송이송이 자른다.

홍고추는 송송 썰고 마늘은 편으로 썬다.

끓는 물에 소금과 브로콜리를 넣고
30초 동안 데친다.

데친 브로콜리를 용기에 담는다.

뜨거운 피클 주스를 붓는다.

줄기까지 함께 먹을 수 있는

브로콜리피클

브로콜리 1개
마늘 1쪽
식초 물 적당량
소금 약간

물 ½컵
현미 식초 1½컵
설탕 3큰술
홍고추 2개

냉장실에서 1개월

01 줄기의 밑동을 제거한 브로콜리는 송이송이 잘라 먹기 좋게 썬다.

02 손질한 브로콜리는 식초 물에 5분 정도 담가두었다가 건져 헹군다.

03 끓는 물에 소금을 약간 넣고 브로콜리를 20~30초간 데친 다음 체에 밭쳐 물기를 뺀다.

04 마늘은 꼭지를 떼고 편으로 썬다.

05 피클 주스에 사용할 홍고추는 꼭지와 씨를 제거하고 송송 썬다.

06 냄비에 피클 주스 재료를 모두 넣고 설탕이 녹을 때까지 끓인다.

07 용기에 손질한 브로콜리와 마늘을 담고 피클 주스를 붓는다.

08 뚜껑을 덮고 병을 거꾸로 뒤집어 실온에서 식힌 후 냉장실에 보관한다.

09 1~2일 정도 숙성한 뒤 먹는다.

+TIP

\+ 줄기는 겉껍질이 거칠면 벗겨내고, 채 썰어 피클을 만들어도 좋다.

콜리플라워피클 만드는 법

콜리플라워는 송이송이 자른다.

식초 물에 5분 정도 담갔다 건진다.

끓는 물에 소금과 콜리플라워를 넣고
30초 동안 데친다.

데친 콜리플라워를 용기에 담는다.

뜨거운 피클 주스를 붓는다.

1~2일 숙성한 후 먹는다.

오도독오도독 씹는 맛 좋은

콜리플라워피클

콜리플라워 1/2개
식초 물 적당량
소금 약간

물 4큰술
식초 1/2컵
설탕 4큰술
소금 2작은술
월계수 잎 1장
올리브 오일 2큰술
마른 고추 1개

냉장실에서 1개월

01 콜리플라워는 송이송이 떼어내어 식초 물에 5분 정도
담가두었다가 건져내어 헹군다.

02 끓는 물에 소금을 약간 넣고 콜리플라워를 20~30초간 데친 다음
체에 밭쳐 물기를 뺀다.

03 냄비에 피클 주스 재료를 모두 넣고 설탕이 녹을 때까지 끓인다.

04 용기에 콜리플라워를 담고 피클 주스를 붓는다.

05 뚜껑을 덮고 병을 거꾸로 뒤집어 실온에서 식힌 후 냉장실에 보관한다.

06 1~2일 숙성한 뒤 먹는다.

+TIP

+ 콜리플라워 줄기도 피클에 활용할 수 있다.
+ 피클 주스 끓일 때 카레 가루 1/2큰술을 넣으면 향긋한 노란색 콜리플라워피클을 만들 수 있다.

생강 비트피클

비트피클

● 비트피클 만드는 법

비트는 껍질 째 삶는다.

꼬치로 찔러 쑥 들어갈 정도로 익으면 건진다.

둥근 모양 살려 슬라이스 한다.

비트 삶은 물에 피클 주스 재료를 섞어 끓인다.

비트를 용기에 담는다.

뜨거운 피클 주스를 붓는다.

부드러운 맛과 식감
비트피클

비트 1개(350g)
소금 약간

현미 식초 ½컵
설탕 3큰술
소금 1작은술
비트 삶은 물 2컵

냉장실에서 1개월

01 비트는 껍질째 스펀지 등으로 문질러 깨끗이 씻는다.

02 냄비에 비트를 넣고 비트가 잠길 만큼 물과 소금 약간을 넣어
40분~1시간 정도 삶는다.

03 비트는 꼬치로 찔러보아 쑥 들어가는 정도로 익으면 건져내고,
비트 삶은 물은 2컵 계량해 둔다.

04 비트가 한 김 식으면 껍질을 벗겨 얇게 슬라이스 한다.

05 냄비에 비트 삶은 물과 피클 주스 재료를 넣고 설탕이 녹을 때까지 끓인다.

06 용기에 비트를 담고 ⑤의 피클 주스를 붓는다.

07 뚜껑을 덮고 병을 거꾸로 뒤집어 실온에서 식힌 후 냉장실에 보관한다.

08 2일 정도 숙성한 뒤 먹는다.

+TIP

\+ 비트에서 나오는 붉은 물은 나무 도마나 주걱 등에 색이 배기 쉬우므로 실리콘 재질의
도마와 조리 도구를 사용하면 세척하기가 편리하다. 비트를 손질할 때 손에도 물이 들기 쉽고
잘 빠지지 않으므로 위생 장갑을 이용하도록 한다.

\+ 슬라이서를 활용하면 커다란 비트를 얇고 일정한 크기로 썰기 쉽다.

● 생강 비트피클 만드는 법

비트의 껍질을 벗긴다.

1cm 굵기의 막대 모양으로 썬다.

피클 주스 재료를 계량한다.

피클 주스를 한소끔 끓인다.

비트를 넣고 4분 동안 끓인다.

용기에 모두 담는다.

씹는 맛과 알싸한 향을 즐기는

생강 비트피클

🧺
비트 1개(350g)
생강 2cm 길이 2쪽

🥫
물 2컵
레몬 식초 $1/2$컵
설탕 $1/4$컵
소금 1작은술
피클링 스파이스 1작은술
월계수 잎 1장

🔒
냉장실에서 2주일

01 비트는 깨끗이 씻어 껍질을 벗기고 사방 1cm 크기의 막대 모양으로 썬다.

02 생강은 껍질을 벗기고 깨끗이 씻어 편으로 썬다.

03 냄비에 피클 주스 재료를 넣고 끓어오르면 비트를 넣고 4분 정도 끓인다.

04 용기에 ③을 모두 담는다.

05 뚜껑을 덮고 병을 거꾸로 뒤집어 실온에서 식힌 후 냉장실에 보관한다.

06 2일 정도 숙성한 뒤 먹는다.

+TIP

+ 채칼을 활용하면 생강을 얇게 저미기가 수월하다.

+ 비트에서 나오는 붉은 물은 나무 도마나 주걱 등에 색이 배기 쉬우므로 실리콘 재질의
도마와 조리 도구를 사용하면 세척하기가 편리하다. 비트를 손질할 때 손에도 물이 들기 쉽고
잘 빠지지 않으므로 위생 장갑을 이용하도록 한다.

배추 무피클

배추 유자피클

향긋하고 달짝지근한
배추 유자피클

🧺
배추 1/4통
유자 껍질 1개 분량
다시마 2×4cm 3장
배추 절임물
(물 2컵, 굵은소금 1큰술)

🥫
물 2컵
현미 식초 1/2컵
설탕 2큰술

🔒
냉장실에서 2주일

01 배추의 두꺼운 줄기는 1cm 길이로 썰고, 잎은 2cm 폭으로 썬다.

02 그릇에 배추 줄기만 담고 배추 절임물을 끓인 뒤 뜨거울 때 부어 10분 정도 절인다.

03 ②에 잎을 넣고 버무려 10분 정도 함께 절이고, 중간에 1~2회 위아래로 뒤집는다.

04 유자 껍질은 곱게 채 썰고 다시마는 용기 크기에 맞춰 자른다.

05 절인 배추는 체에 걸러 물기를 뺀 다음 유자와 골고루 섞는다.

06 냄비에 피클 주스 재료를 넣고 설탕이 녹을 때까지 중간 불에 끓여 식힌다.

07 용기에 ⑤를 넣고 다시마를 올린 다음 피클 주스를 붓는다.

08 뚜껑을 덮고 병을 거꾸로 뒤집어 실온에서 식힌 후 냉장실에 보관한다.

09 하루 정도 숙성한 뒤 먹는다.

+TIP

+ 유자 껍질은 베이킹소다를 뿌려 문질러 씻거나 베이킹소다를 푼 물에 잠시 담가두었다가
흐르는 물에 문질러 씻는다.

+ 아삭하고 개운한 맛이 좋아 밥반찬으로 좋다.

● 배추 유자피클 만드는 법

배추는 1/4로 가른다.

줄기는 1cm, 잎은 2cm 폭으로 썬다.

뜨거운 배추 절임물을 부어 절인다.

다시마는 사방 3~5cm 정도로 자른다.

절인 배추와 유자 껍질을 섞는다.

20분 후 체에 받쳐 물기를 뺀다.

유자는 껍질만 준비한다.

유자 껍질은 곱게 채 썬다.

용기에 배추와 유자 껍질을 담는다.

다시마를 올린다.

끓여 식힌 피클 주스를 붓는다.

배추 무피클 만드는 법

무는 껍질을 벗긴다.

부채 모양으로 얇게 썬다.

배추는 무와 비슷한 크기로 썬다.

피클 주스를 끓인다.

용기에 무와 배추를 담는다.

피클 주스를 식혀서 붓는다.

고소하면서 시원한 감칠맛

배추 무피클

배추 잎 3장
무 5cm 1토막(200g)

물 1컵
레몬 식초 1컵
설탕 2큰술
소금 1큰술

냉장실에서 2주일

01 무는 껍질을 벗기고 0.3cm 두께로 썬 후 다시 부채 모양으로 4등분 한다.

02 배추 줄기는 무와 같은 크기로 자르고 잎은 줄기보다 약간 크게 썬다.

03 냄비에 피클 주스 재료를 넣고 설탕이 녹을 때까지 중간 불에 끓여 식힌다.

04 용기에 ②의 배추와 무를 섞어 담고 식혀둔 피클 주스를 붓는다.

05 뚜껑을 덮고 병을 거꾸로 뒤집어 실온에서 식힌 후 냉장실에 보관한다.

06 하루 정도 숙성한 뒤에 먹는다.

+TIP

+ 배추 잎은 줄기보다 얇고 부드러워 조금 크게 잘라야 숙성되는 속도를 맞출 수 있다.

+ 비트, 적양배추 등을 썰어 함께 넣으면 고운 색을 낼 수 있다. 비트는 무와 비슷한 크기로
썰고, 적양배추는 배추의 잎 부분과 비슷한 크기로 썰어 넣으면 된다.

연근피클

연근 셀러리피클

쌉싸래하고 개운한 맛

연근 셀러리피클

연근 150g
셀러리 1대

물 ¾컵
현미 식초 ½컵
화이트 식초 ½컵
설탕 3큰술
소금 ½작은술
월계수 잎 1장
머스터드 씨 ½작은술
통후추 ½작은술

냉장실에서 2주일

01 연근은 껍질을 벗기고 0.5cm 두께로 썬다.

02 셀러리는 줄기 끝 부분을 잡고 섬유질을 벗겨낸 다음 0.5cm 두께로 어슷하게 썬다.

03 식초 물을 끓여 연근을 넣고 2분 정도 데친 후 체에 밭쳐 물기를 뺀다.

04 냄비에 피클 주스 재료를 넣고 설탕이 녹을 때까지 끓인다.

05 용기에 손질한 연근과 셀러리를 섞어 담고 피클 주스를 붓는다.

06 뚜껑을 덮고 병을 거꾸로 뒤집어 실온에서 식힌 후 냉장실에 3~4일 정도 숙성한 뒤 먹는다.

+TIP

+ 당근을 소금에 주물러 흐르는 물에 헹궈 물기를 빼고 연근과 함께 피클을 만들어도 맛있다.

+ 현미 식초를 빼고 화이트 식초만 넣으면 산뜻한 맛이 한결 살아난다.

● 만드는 법

연근은 0.5cm 두께로 썬다.

셀러리는 섬유질을 벗긴다.

셀러리는 어슷썰기로 얇게 썬다.

용기에 채소를 섞어 담고 뜨거운 피클 주스를 붓는다.

연근피클 만드는 법

연근은 껍질을 벗기고 모양 살려 0.5cm 두께로 썬다.

식초 물을 끓여 연근을 데친다.

데친 연근은 체에 밭쳐 물기를 뺀다.

용기에 연근을 담는다.

뜨거운 피클 주스를 붓는다.

사각사각 개운한 맛
연근피클

🧺
연근 200g
식초 물 적당량

🫙
물 1컵
현미 식초 $1/2$컵
설탕 1큰술
소금 $1/2$작은술
베트남 고추 3개

🔒
냉장실에서 1개월

01 연근은 껍질을 벗기고 0.5cm 두께로 썬다.

02 식초 물을 끓여 연근을 넣고 2분 정도 데친 후 체에 밭쳐 물기를 뺀다.

03 냄비에 피클 주스 재료를 넣고 설탕이 녹을 때까지 끓인다.

04 용기에 연근을 담고 피클 주스를 붓는다.

05 뚜껑을 덮고 병을 거꾸로 뒤집어 실온에서 식힌 후 냉장실에 보관한다.

06 3~4일 정도 숙성한 뒤 먹는다.

+TIP

+ 연근피클을 잘게 썰어 후리가케와 함께 섞어 주먹밥을 만들어 먹어도 별미다.

+ 슬라이서를 이용해 연근을 얇게 저미면 식초 물에 데치지 않아도 된다.

색다르게 즐기는 맛
우엉피클

우엉 200g
로즈메리 1줄기

물 3/4컵
현미 식초 1/2컵
청주 1/4컵
설탕 3큰술
소금 1작은술
월계수 잎 1장
통후추 1/2작은술

냉장실에서 1개월

01 우엉은 껍질을 벗기고 0.2cm 두께로 어슷썰기 하여 물에 담가 10분 정도 두었다가 체에 밭쳐 물기를 뺀다.

02 냄비에 피클 주스 재료를 넣고 설탕이 녹을 때까지 끓인다.

03 용기에 손질한 우엉과 로즈메리를 담고 피클 주스를 붓는다.

04 뚜껑을 덮고 병을 거꾸로 뒤집어 실온에서 식힌 후 냉장실에 보관한다.

05 2~3일 정도 숙성한 뒤 먹는다.

+TIP

+ 우엉은 껍질 바로 아랫부분에 영양가가 많으니 부드러운 수세미로 문질러 껍질을 벗기거나 칼등으로 살살 긁는다.

+ 우엉을 썰어 물에 담가두면 떫은맛을 제거할 수 있다.

+ 로즈메리 대신 딜, 타임 등 다양한 허브도 잘 어울린다.

● 우엉피클 만드는 법

우엉은 껍질에 영양분이 많으므로 칼등으로 긁어 얇게 벗긴다.

0.2cm 두께로 어슷썰기 한다.

우엉을 용기에 담는다.

로즈메리를 얹는다.

손질한 우엉은 물에 담가 10분 정도 두었다가 건져서 체에 밭쳐 물기를 뺀다.

피클 주스를 끓여 뜨거울 때 붓는다.

계피의 향긋함이 밴

고구마피클

고구마 2개(200g)
소금물 3컵
(물 3컵, 소금 1작은술)

물 1컵
식초 1컵
설탕 3/4컵
굵은소금 3큰술
시나몬 스틱 1개

냉장실에서 1개월

01 고구마는 껍질째 깨끗이 씻어 0.5cm 두께로 썬다.

02 고구마는 소금물에 10분 정도 담가 전분기를 뺀다.

03 고구마를 물에 헹궈 체에 밭쳐 물기를 뺀다.

04 냄비에 피클 주스 재료를 넣고 설탕이 녹을 때까지 중간 불에서 끓인다.

05 용기에 ③의 고구마를 차곡차곡 담고 ④의 피클 주스를 붓는다.

06 뚜껑을 덮고 병을 거꾸로 뒤집어 실온에서 한 김 식힌 후 냉장실에 보관한다.

07 3일 후 피클 주스만 따라 내어 끓여 식힌 후 다시 붓기를 2회 반복한다.

+TIP

+ 고구마를 오븐이나 찜기에서 80% 정도 익혀 피클을 담그면 부드러워지고, 달콤한 맛이 더 강하다.

+ 자색 고구마를 활용하면 빛깔 고운 피클을 만들 수 있다.

● 고구마피클 만드는 법

고구마는 깨끗이 씻어 껍질째 모양을 살려 0.5cm 두께로 썬다.

고구마를 체에 밭쳐 물기를 완전히 뺀다.

물 3컵에 소금 1작은술을 섞어 소금물을 만든다.

고구마를 물에 10분 정도 담가 전분기를 뺀다.

용기에 고구마를 담는다.

뜨거운 피클 주스를 붓는다.

마지막에 시나몬 스틱을 얹는다.

달콤한 맛이 좋은
단호박피클

🧺
단호박 ½통

🫙
물 ½컵
애플 사이다 식초 ½컵
설탕 2컵
레몬 ½개
피클링 스파이스 1작은술

🔒
냉장실에서 1개월

01 단호박은 전자레인지에 넣어 3분 정도 살짝 익혀 껍질을 벗기고 사방 2cm 정도로 썬다.

02 레몬은 깨끗이 씻어 제스터를 이용해 껍질을 얇게 긁어낸다.

03 냄비에 피클 주스 재료를 넣고 설탕이 녹을 정도로 끓인 후 10분 정도 식힌다.

04 다시 ③의 냄비를 불에 올린 뒤 단호박을 넣고 중간 불에서 3분 동안 끓인 다음 불을 끄고 5분 동안 그대로 둔다.

05 용기에 단호박과 피클 주스를 담는다.

06 표면에 뜬 기포를 제거하고 뚜껑을 닫는다.

07 끓는 물에 ⑥을 넣고 10~15분 동안 중간 불에서 끓인다.

+TIP

+ 애플 사이다 식초는 일반 사과 식초보다 톡 쏘는 맛은 덜하지만 사과의 맛과 향이 진하게 난다.

+ 레몬은 껍질을 활용하기 때문에 베이킹 소다로 껍질을 문질러 씻거나 베이킹소다를 푼 물에 담가두었다가 흐르는 물에 문질러 깨끗이 씻는다. 베이킹소다가 없으면 굵은소금으로 씻는다.

+ 레몬 제스터가 없다면 레몬 껍질을 얇게 저며 잘게 다진다. 레몬 껍질의 흰색 부분이 들어가면 쓴맛이 나기 때문에 최대한 노란색 부분만 사용한다.

● 단호박피클 만드는 법

단호박은 껍질을 벗긴다.

단호박의 씨 부분을 도려낸다.

단호박은 먹기 좋게 한입 크기로 썬다.

레몬의 노란 껍질 부분은 제스터로 긁어낸다.

레몬은 베이킹소다로 껍질을 문지른 다음
물에 헹궈 물기를 제거한다.

용기에 단호박을 담는다.

피클 주스를 끓여 10분 정도 식혀 레몬 건더기까지 모두 붓는다.

미니 양파 래디시피클

적양파피클

● 적양파피클 만드는 법

적양파는 껍질을 벗기고 0.2cm 두께의 반달 모양으로 슬라이스 한다.

용기에 슬라이스 양파를 담는다.

피클 주스를 끓여 뜨거울 때 건더기까지 모두 붓는다.

맵지 않게 즐기는
적양파피클

적양파 1개(250g)
소금 ½작은술

물 1컵
사과 식초 1컵
설탕 3큰술
소금 1작은술
레몬즙 ½개 분량
피클링 스파이스 1작은술

냉장실에서 1개월

01 적양파는 껍질을 벗기고 깨끗이 씻어 반으로 썰어 0.2cm 두께로 슬라이스 한다.

02 냄비에 분량의 피클 주스 재료를 넣고 설탕이 녹을 때까지 끓인다.

03 용기에 손질한 양파를 담고 피클 주스를 붓는다.

04 뚜껑을 덮고 병을 거꾸로 뒤집어 실온에 두어 식힌 후 냉장실에 보관한다.

05 2~3일 숙성한 다음 먹는다.

+TIP

+ 일반 양파로 피클을 담가도 되는데, 적양파보다 매운맛이 강하다.

+ 양파피클은 샌드위치와 샐러드 재료로 두루 활용할 수 있다.

● 미니 양파 래디시피클 만드는 법

래디시는 통째로 깨끗이 씻어 준비한다.

래디시는 뿌리를 제거하고 반으로 썬다.

미니 양파는 껍질과 뿌리를 제거한다.

미니 양파를 반으로 썬다.

용기에 래디시와 양파를 담는다.

뜨거운 피클 주스를 붓는다.

앙증맞고 아삭아삭 맛있는

미니 양파 래디시피클

미니 양파 15개
래디시 15개

물 1컵
식초 1컵
설탕 6큰술
소금 2작은술
월계수 잎 1장
통후추 1작은술

냉장실에서 1개월

01 미니 양파는 껍질을 벗겨 깨끗이 씻은 후 물기를 제거하고 반으로 썬다.

02 래디시는 줄기와 잔뿌리 부분을 잘라내고 깨끗이 씻어 물기를 제거하고 반으로 썬다.

03 냄비에 피클 주스 재료를 넣고 설탕이 녹을 때까지 끓인다.

04 용기에 손질한 미니 양파와 래디시를 섞어 담고 피클 주스를 붓는다.

05 뚜껑을 덮고 병을 거꾸로 뒤집어 실온에서 식힌 후 냉장실에 보관한다.

06 2~3일 숙성한 다음 먹는다.

+TIP

+ 미니 양파가 없으면 일반 양파나 적양파 2개를 한입 크기로 썰어 피클을 만들어도 좋다.

+ 래디시가 없다면 무청을 제거한 총각무 150g을 모양 살려 길게 4등분 해 피클을 만든다.

개운한 맛과 향이 듬뿍

셀러리 당근피클

셀러리 5대(150g)
미니 당근 20개(150g)

물 1컵
레몬 식초 1컵
설탕 1/2컵
소금 1작은술
월계수 잎 1장
레몬 1/2개
통후추 1작은술

냉장실에서 1개월

01 셀러리는 줄기 끝 부분을 잡고 섬유질을 벗겨내 4cm 길이로 썬다.

02 미니 당근은 깨끗이 씻어 물기를 뺀다.

03 냄비에 피클 주스 재료를 넣고 설탕이 녹을 때까지 끓인다.

04 용기에 손질한 셀러리와 당근을 담고 피클 주스를 붓는다.

05 뚜껑을 덮고 병을 거꾸로 뒤집어 실온에서 식힌 후 냉장실에 보관한다.

06 일주일 후 피클 주스를 따라 내 끓여 식혔다 붓기를 2회 반복한 후 1~2일 숙성하여 먹는다.

+TIP

+ 셀러리는 섬유질을 벗겨내야 피클 주스의 간이 고르게 배고 먹을 때도 질기지 않다.
+ 미니 당근이 없으면 일반 당근 1/4개 정도를 준비해 셀러리와 비슷한 굵기와 길이로 썰어 피클을 만든다.

● 만드는 법

셀러리는 줄기만 준비한다.　셀러리를 4cm 길이로 자른다.　용기에 당근과 셀러리를 담는다.　뜨거운 피클 주스를 붓는다.

마늘종피클

마늘피클

속속들이 감칠맛 밴
마늘피클

마늘 200g
청양고추 1개
홍고추 1개
마른 고추 1개

물·화이트 식초 1/2컵씩
사과 식초 1컵
설탕 6큰술
소금 1/2큰술
월계수 잎 2장
레몬 1/2개, 통후추 약간

냉장실에서 6개월

01 마늘은 깨끗이 씻어 물기를 제거하고 꼭지를 잘라낸다.

02 청양고추와 홍고추는 0.5cm 폭으로 둥글게 썬다.

03 마른 고추는 마른행주로 닦아 0.5cm 폭으로 썬다.

04 냄비에 피클 주스 재료를 넣고 설탕이 녹을 때까지 끓인 후 한 김 식힌다.

05 용기에 손질한 마늘과 고추를 모두 담고 피클 주스를 붓는다.

06 뚜껑을 덮고 병을 뒤집어 실온에서 식힌 후 냉장실에 두고 2~3일 정도 숙성한 후 먹는다.

+TIP

+ 마른 고추를 손질할 때 칼보다 가위를 이용하는 것이 수월하다.
+ 마늘피클은 고기 요리와 곁들이거나 평소 밥반찬으로 좋다.

● 만드는 법

마늘은 꼭지를 뗀다.

청양고추와 홍고추는 송송 썬다.

마른 고추도 송송 썰어 모든
재료와 함께 용기에 넣는다.

● 마늘종피클 만드는 법

마늘종은 줄기만 준비한다.

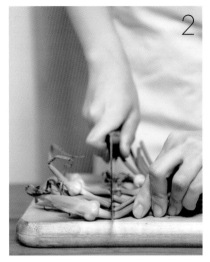

질긴 대와 시든 부분은 제거한다.

마늘종을 돌돌 말아 용기에 담는다.

피클 주스를 끓여 건더기까지 모두 붓는다.

2~3일 정도 숙성한 뒤 먹는다.

알싸함이 입맛 돋우는
마늘종피클

마늘종 15대

물 1/2컵
레몬 식초 1컵
설탕 3/4컵
딜 2줄기
소금 1 1/2작은술
레몬 1/2개
통후추 1작은술
레드페퍼 플레이크 1/4큰술

냉장실에서 6개월

01 마늘종은 깨끗이 씻어 질긴 대와 시든 부분을 제거하고 고리 모양으로 만다.

02 냄비에 피클 주스 재료를 넣고 설탕과 소금이 녹을 때까지 끓인다.

03 용기에 돌돌 만 마늘종을 차곡차곡 담는다.
마늘종이 병 위로 올라오면 포크나 젓가락으로 밀어 넣는다.

04 ③에 피클 주스를 붓고 뚜껑을 덮고 병을 거꾸로 뒤집어
실온에서 식힌 후 냉장실에 보관한다.

05 일주일 후 피클 주스만 따라 내어 다시 끓여 식혔다 붓기를 2회 정도 반복한다.

06 2~3일 정도 숙성한 뒤 먹는다.

+TIP

+ 마늘을 함께 넣어도 좋다.

+ 딜 향이 부담스럽다면 빼도 좋고, 코리앤더 시드가 있다면 1작은술 넣으면 잘 어울린다.

촉촉하고 부드러운 개운함

토마토피클

🧺
토마토(중간 크기) 2개
양파 ½개
메이플 시럽 25ml

🫙
물 1컵
식초 ½컵
소금 2작은술
월계수 잎 1장

🔒
냉장실에서 2주일

01 토마토는 꼭지 반대편에 열십자로 칼집을 살짝 낸다.

02 끓는 물에 토마토를 살짝 데쳐 차가운 얼음물에 담가 껍질이 일어나면 벗겨낸다.

03 토마토는 반으로 가르고 3~4등분 한다.
양파는 껍질을 벗기고 반으로 잘라 0.8cm 두께로 채 썬다.

04 냄비에 분량의 피클 주스 재료를 넣고 소금이 녹을 때까지 끓여 차갑게
식힌 다음 메이플 시럽을 섞는다.

05 용기에 손질한 양파와 토마토를 담고 ④의 피클 주스를 붓는다.

06 뚜껑을 덮고 병을 거꾸로 뒤집어 실온에서 식힌 후 냉장실에 보관한다.

07 하루 정도 숙성한 뒤 먹는다.

+TIP

+ 메이플 시럽은 끓이면 맛과 향이 떨어지므로 반드시 차갑게 식힌 피클 주스에
섞어야 한다. 메이플 시럽이 없다면 아가베 시럽이나 올리고당을 사용해도 좋다.

+ 샐러드 채소와 섞으면 새콤달콤한 샐러드 한 접시를 만들 수 있다.

● 토마토피클 만드는 법

토마토는 꼭지 반대편에 칼집을 낸다.

끓는 물에 토마토를 데친다.

데친 토마토는 찬물에 담가 식힌다.

반으로 썬 토마토는 3~4등분 한다.

양파는 0.8cm 두께로 도톰하게 썬다.

토마토의 껍질을 벗긴다.

껍질 벗긴 토마토를 반으로 썬다.

용기에 토마토를 먼저 담고 양파를 위에 올리고 차가운 피클 주스를 붓는다.

아삭아삭 색다른 맛
숙주피클

🧺
숙주 1봉지(250g)

🗄
물 ½컵
사과 식초 ½컵
설탕 2큰술
소금 ½작은술
베트남 고추 3개
통후추 ½작은술

🔒
실온에서 1개월
냉장실에서 3개월

01 숙주의 지저분한 뿌리는 정리하고 물에 담가 여러 번 흔들어 씻은 다음 물기를 뺀다.

02 냄비에 피클 주스 재료를 넣고 설탕이 녹을 때까지 끓인다.

03 용기에 손질한 숙주를 담고 피클 주스를 붓는다.

04 뚜껑을 덮고 병을 거꾸로 뒤집어 실온에서 식힌 후 냉장실에 보관한다.

05 1~2일 정도 숙성한 뒤 먹는다.

+TIP

+ 숙주는 물기가 빠지는 데 오래 걸릴 수 있으므로 채소 탈수기 등을 활용하면 편리하다.

만드는 법

숙주는 물에 여러 번 씻는다.　체에 밭쳐 물기를 뺀다.　용기에 소복하게 담는다.　뜨거운 피클 주스를 붓는다.

채소를 맘껏 즐길 수 있는

모둠 채소피클

🧺
오이 ½개
당근 ⅓개
무 50g
양파 ½개
적양배추 ⅛개
미니 파프리카 2개
소금 약간

🫙
물 2컵
현미 식초 1컵
설탕 1컵
소금 1큰술
마늘 2쪽
홍고추 1개
통후추 믹스 1작은술
월계수 잎 1장

🔒
냉장실에서 2주일

01 오이, 당근, 무는 사방 1cm 크기의 막대 모양으로 썬다.

02 양파와 적양배추는 한입 크기로 썬다.

03 미니 파프리카는 꼬치로 3~4개 구멍을 낸다.

04 피클 주스에 사용할 마늘과 고추는 얇게 썰고 고추씨는 대강 턴다.

05 냄비에 피클 주스 재료를 넣고 설탕이 녹을 때까지 끓인다.

06 용기에 손질한 채소를 고루 섞어 담고 피클 주스를 붓는다.

07 뚜껑을 덮고 병을 거꾸로 뒤집어 실온에서 식힌 후 냉장실에 보관한다.

08 하루 정도 숙성한 뒤 먹는다.

+ TIP

+ 통후추 믹스는 블랙, 화이트, 핑크 그린 통후추를 섞어놓은 것이다.
   믹스가 없다면 블랙이나 화이트 후추만 넣어도 좋다.

+ 4~5일 정도 충분히 숙성해 먹으면 채소에 피클 주스가 스며들어 더 맛있다.

+ 오래 두고 먹고 싶다면 수분이 많은 오이를 뺀다.

● 모둠 채소피클 만드는 법

무는 1cm 폭으로 넓적하게 자른 다음 사방 1cm 두께의 막대 모양으로 썬다.

양배추는 심을 제거하고 2~3등분 해 한입 크기로 썬다.

양파를 한입 크기로 썬다.

당근도 무와 비슷한 길이로 잘라 막대 모양으로 썬다.

오이도 무와 비슷한 크기로 썬다.

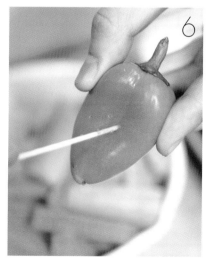

미니 파프리카는 꼬치를 이용해 구멍을 낸다.

용기에 모든 채소를 담고 뜨거운 피클 주스를 붓는다.

부드럽게 만들어 먹는
구운 채소피클

🧺
오이 5개
양파(중간 크기) 1개
딜 2줄기
마늘 2쪽
크러시드 레드 페퍼
1 ½작은술

🫙
물 ¾컵
화이트 식초 ¾컵
설탕 8큰술
소금 1큰술
통후추 ½작은술

🔒
냉장실에서 2주일

01 오이는 깨끗이 씻어 양 끄트머리를 잘라 길이로 3등분 한 다음 다시 열십자로 썬다.

02 양파는 2cm 폭으로 썰고, 마늘은 꼭지를 떼고 굵게 다진다.

03 오이와 양파는 그릴 자국이 날 정도로만 굽는다.

04 냄비에 피클 주스 재료를 넣고 설탕이 녹을 때까지 끓인다.

05 용기에 손질한 오이, 양파, 마늘, 딜, 크러시드 레드 페퍼를 담고 피클 주스를 붓는다.

06 뚜껑을 덮고 병을 거꾸로 뒤집어 실온에서 식힌 후 냉장실에 보관한다.

07 1~2일 정도 숙성한 뒤 먹는다.

+TIP

+ 채소를 너무 오래 구우면 흐물흐물해지고 수분이 빠져 맛이 없으니 표면만 살짝 굽는다.

+ 주키니, 단호박, 파프리카 등 다양한 채소를 구워 피클을 만들어도 좋다.

+ 그릴 팬이 없다면 일반 프라이팬을 활용하고 크러시드 레드 페퍼가 없다면 마른 고추 1개를 잘라 넣는다.

+ 구운 채소피클은 고기와 함께 꼬치에 끼워 내면 좋은 술안주가 되고, 샌드위치 속 재료로 잘 어울린다.

● 구운 채소피클 만드는 법

오이의 양 끄트머리는 잘라낸다.

길이로 3등분 한다.

열십자로 길게 자른다.

달군 그릴 팬에 오이와 양파를 올려 앞뒤로 그릴 자국이 나도록 굽는다.

양파는 2cm 폭으로 모양을 살려 둥글게 썬다.

마늘은 굵게 다진다.

용기에 구운 채소와 나머지 향신료를 담고
뜨거운 피클 주스를 붓는다.

간장 마늘피클

간장 고추피클

짜지 않게 즐기는
간장 마늘피클

마늘 200g
식초 2큰술
소금 1큰술
물 1컵

물 1컵
사과 식초 2큰술
진간장 1큰술
설탕 3큰술
굵은소금 ½작은술

냉장실에서 6개월

01 마늘은 꼭지를 뗀다.

02 소금과 식초를 물에 푼 다음 마늘을 담가 3일 정도 두었다가 체로 거른다.

03 냄비에 피클 주스 재료를 넣고 설탕이 녹을 때까지 끓인다.

04 용기에 손질한 마늘을 담고 피클 주스를 붓는다.

05 뚜껑을 덮고 병을 거꾸로 뒤집어 실온에서 식힌 후 냉장실에 보관한다.

06 3일 후 피클 주스만 따라내 끓여 식혔다 붓기를 2회 반복한 후 10일쯤 숙성시켜 먹는다.

+TIP

+ 마늘을 소금과 식초 푼 물에 담가두면 아린 맛이 빠진다.

+ 마늘종도 함께 넣으면 밑반찬으로 활용하기 좋다.

● 만드는 법

마늘의 꼭지를 잘라낸다. 소금, 식초 푼 물에 마늘을 3일 동안 담가둔다. 용기에 마늘을 건져 담는다. 뜨거운 피클 주스를 붓는다.

● 간장 고추피클 만드는 법

고추는 깨끗이 씻어 물기를 뺀다.

고추 꼭지는 가위를 이용해 짧게 자른다.

꼬치로 구멍을 3~4군데 뚫는다.

고추를 가지런히 세워 용기에 담는다.

뜨거운 피클 주스를 붓는다.

3일 후 피클 주스만 다시 끓여 붓는다.

매콤하고 개운한 맛

간장 고추피클

청양고추 150g

물 1컵
진간장 ½컵
매실액 ¼컵
설탕 2큰술

냉장실에서 6개월

01 고추는 깨끗이 씻어 물기를 뺀 후 가위로 짧게 꼭지를 잘라낸다.

02 고추 끝 부분에 꼬치를 관통시켜 구멍을 낸다.

03 냄비에 피클 주스 재료를 넣고 설탕이 녹을 때까지 끓인다.

04 용기에 손질한 고추를 담고 피클 주스를 붓는다.

05 뚜껑을 덮고 병을 거꾸로 뒤집어 실온에서 식혀 냉장실에 보관한다.

06 3일 후 피클 주스를 따라내 다시 끓여 식혔다 붓기를 2회 반복한다.

07 일주일 정도 숙성한 뒤 먹는다.

+TIP

+ 고추 꼭지를 완전히 떼면 고추가 무르거나 쉽게 썩을 수 있다.

+ 고추피클은 찬물에 헹궈 짠맛을 우려내고 물기를 제거한 뒤 간장, 고춧가루, 물엿, 참기름, 통깨, 채 썬 대파를 넣고 버무려 먹는다.

특별한

PICKLE

우리가 흔히 먹는 피클은 오이·무·당근·양배추처럼 아삭거리는 맛이 좋은 채소 위주로 만든다. 하지만 채소 이외에도 피클을 만들 수 있는 재료는 무궁무진하다. 즐겨 먹는 과일로 피클을 만들면 과일의 색다른 맛을 볼 수 있다. 달걀이나 메추리알을 활용하면 담백한 맛의 피클을 만들 수 있다. 새우나 오징어 같은 해산물을 활용하면 한 그릇 요리 못지않은 먹음직스럽고 이국적인 피클이 완성된다. 주재료뿐 아니라 피클 주스의 재료를 달리하면 매콤, 새콤, 짭조름한 맛이 다양하게 변할 수 있다.

새콤 짭조름해 색다른

레몬피클

레몬 2개
소금 ¾컵
피클링 스파이스 1 ⅓큰술

🔒
냉장실에서 2개월

01 레몬은 껍질째 깨끗이 씻어 물기를 빼 0.5cm 두께로
둥근 모양을 살려 썰고 씨는 제거한다.

02 용기에 레몬, 소금, 피클링 스파이스를 켜켜이 담는다.

03 뚜껑을 덮고 자주 위아래로 섞어주며 실온에서 2일 동안 숙성하여 먹는다.

+TIP

+ 레몬은 베이킹소다를 뿌려 문지르거나 베이킹소다 푼 물에 잠시 담가두었다가 문질러 씻는다.

+ 레몬피클은 그대로 먹으면 짜고 신맛이 강하다. 레몬피클의 건더기는 건져서 생선 요리, 홍합찜 등에
곁들이고 피클 주스는 여러 요리의 소스나 드레싱에 활용하면 새콤하고 짭조름한 맛을 낼 수 있다.

만드는 법

레몬은 0.5cm 두께로
슬라이스 한다.

레몬 씨는 제거한다.

용기에 레몬, 소금, 피클링 스파이스를 켜켜이 담는다.

달착지근하고 개운한 맛
청포도피클

씨 없는 청포도 200g

화이트 식초 1컵
설탕 1컵
머스터드 씨 50g
통후추 1작은술
시나몬 스틱 1개

냉장실에서 1개월

01 포도는 알만 떼어 베이킹소다 푼 물에 10분 정도 담가 흐르는 물에 헹궈 물기를 뺀다.

02 냄비에 피클 주스 재료를 넣고 설탕이 녹을 때까지 끓인다.

03 용기에 포도를 담고 피클 주스를 붓는다.

04 뚜껑을 덮고 병을 뒤집어 실온에서 식힌 후 냉장실에 보관한다.

05 2주일 정도 숙성하여 먹는다.

+TIP

+ 적포도와 섞어 피클을 담가도 좋은데, 씨가 없고 물기가 적은 포도를 선택해야 씹는 맛이 좋다.

+ 치즈로 속을 채운 타르트에 포도피클을 올려 먹으면 색다른 맛을 즐길 수 있다.

● 만드는 법

포도는 껍질째 깨끗이 씻는다.

체에 밭쳐 물기를 뺀다.

알알이 닦은 포도의 물기를 제거한다.

용기에 포도를 담고 뜨거운 피클 주스를 붓는다.

향긋함을 더한 아삭거림

배피클

배 2개
정향 1/2작은술

물 1컵
화이트 식초 1 1/2컵
설탕 3/4컵
통후추 1/2작은술

냉장실에서 1개월

01 배는 껍질을 벗겨 반으로 썰어 8등분 하고, 씨 부분은 제거한다.

02 배에 정향을 꽂는다.

03 냄비에 피클 주스 재료를 넣고 설탕이 녹을 때까지 끓인다.

04 용기에 배를 담고 피클 주스를 붓는다.

05 뚜껑을 덮고 병을 거꾸로 뒤집어 실온에서 식힌 후 냉장실에 보관한다.

06 1~2일 정도 숙성한 후 먹는다.

+TIP

+ 정향은 배에 꽂지 않고 피클 주스 끓일 때 함께 넣어도 된다.

+ 배피클을 얇게 썰어 치즈와 곁들이거나, 피자 토핑으로 올려 먹어도 맛있다.

● 만드는 법

배는 먹기 좋은 크기로 썬다.　배 씨 부분을 제거한다.　배에 정향을 꽂는다.　용기에 배를 담고
피클 주스를 붓는다.

달콤한 풍미 가득

사과피클

🧺
사과(중간 크기) 2개
건포도 2큰술
말린 자두(프룬) 4개

🫙
물 1컵
사과 식초 ½컵
화이트 식초 ½컵
황설탕 ¾컵
시나몬 스틱 1개
피클링 스파이스 2작은술

🔒
냉장실에서 1개월

01 사과는 베이킹소다를 푼 물에 10분 정도 담가두었다가 흐르는 물에 헹군다.

02 사과는 물기를 빼고 4등분 해 씨를 제거한다.

03 냄비에 피클 주스 재료를 넣고 설탕이 녹을 때까지 끓인다.

04 ③에 사과, 건포도, 말린 자두를 넣고 약한 불에서 10분 정도 더 끓인다.

05 용기에 ④를 담고 뚜껑을 덮어 병을 거꾸로 뒤집어 실온에서 식힌 후 냉장실에 보관한다.

06 2일 정도 숙성한 뒤 먹는다.

+TIP

+ 사과 종류는 무엇이든 상관없고 황설탕 대신 백설탕을 써도 된다.

+ 사과피클을 먹기 좋은 크기로 썰어 바닐라 아이스크림에 올려 먹어도 좋다.

● 만드는 법

| 사과는 껍질째 먹기 좋은 크기로 썬다. | 사과 씨 부분을 제거한다. | 한소끔 끓인 피클 주스에 사과, 건포도, 말린 자두를 넣는다. | 용기에 모두 담는다. |

꼬들꼬들 색다른 맛

수박피클

수박 껍질 흰 부분
1/4통 분량
소금 1작은술

물 1컵
식초 1/2컵
설탕 2큰술
소금 1/2작은술
월계수 잎 1장
통후추 1작은술

냉장실에서 1개월

01 수박의 초록색 껍질과 붉은 과육 부분은 모두 깔끔하게 분리한 다음
    흰 부분만 한입 크기로 깍둑썰기 한다.

02 냄비에 수박이 잠길 정도로 물을 붓고 팔팔 끓으면 소금을 넣고
    15~20초 정도 데쳐 체에 밭쳐서 물기를 뺀다.

03 냄비에 피클 주스 재료를 넣고 설탕이 녹을 때까지 끓인다.

04 수박이 식기 전에 용기에 담고 피클 주스를 붓는다.

05 뚜껑을 덮고 병을 거꾸로 뒤집어 실온에서 식힌 후 냉장실에 보관한다.

06 하루 정도 숙성한 뒤 먹는다.

+TIP

+ 데친 수박이 식기 전에 뜨거운 피클 주스를 부어야 아삭한 맛이 좋다.

+ 과육이 단단한 참외도 씨와 껍질을 제거하고 같은 방법으로 피클을 담가도 맛있다.

● 수박피클 만드는 법

수박 껍질의 붉은 과육을 모두 제거한다.

수박 껍질을 칼로 쳐내듯이 벗긴다.

초록 부분이 남지 않도록 껍질을
깔끔하게 벗긴다.

손질한 수박을 그릇에 옮겨 담는다.

끓는 물에 수박을 넣는다.

소금을 넣고 15~20초 데친다.

결대로 길쭉하게 자른다.

먹기 좋은 크기로 깍둑썰기 한다.

데친 수박은 건져 물기를 뺀다.

용기에 수박을 담고 끓인 피클 주스를 붓는다.

감식초로 맛을 낸
모둠 과일피클

🧺
오렌지 1/4개
자몽 1/4개
레몬 1/4개
사과 1/4개
방울토마토 5개
씨 없는 포도 30g

🫙
물 1 1/2컵
감식초 1/2컵
매실액 5큰술
소금 1작은술
피클링 스파이스 1큰술

🔒
냉장실에서 2개월

01 과일은 모두 껍질째 깨끗이 씻는다.

02 오렌지, 자몽, 레몬은 껍질째 반달 모양으로 얇게 썬다.
사과도 같은 모양으로 썬 다음 씨를 제거한다.

03 방울토마토는 꼭지를 떼고, 포도는 알알이 떼어둔다.

04 냄비에 피클 주스 재료를 넣고 설탕이 녹을 때까지 끓인다.

05 용기에 손질한 과일을 모두 넣고 피클 주스를 붓는다.

06 뚜껑을 덮고 병을 거꾸로 뒤집어 실온에서 식힌 후 냉장실에 보관한다.

07 2시간 정도 숙성한 다음 먹는다.

+ TIP

+ 과일에서 단맛이 우러나기 때문에 매실액의 분량은 입맛에 따라 줄여도 좋다.

+ 과일은 쉽게 물러지기 때문에 서너 번 먹을 정도의 양만 피클로 만드는 것이 좋다.

+ 감식초가 없다면 일반 식초로 담가도 좋은데, 톡 쏘는 맛이 더욱 강하다.

● 모둠 과일피클 만드는 법

좋아하는 과일은 골고루 준비한다.

레몬은 껍질째 반달 모양으로 얇게 썬다.

사과는 껍질째 다른 과일과
비슷한 크기로 썬다.

손질한 재료는 섞어 수분이 마르지 않게 둔다.

용기에 손질한 재료를 담는다.

자몽과 오렌지도 레몬과 같은 방법으로 껍질째 썬다.

자몽이나 오렌지는 너무 크면
한입 크기로 썬다.

청포도와 방울토마토를 올린다.

뜨거운 피클 주스를 붓는다.

149

중국식 오이피클

중국식 매운 오이피클

● 중국식 오이피클 만드는 법

오이는 길쭉하게 ¼등분 한다.

오이를 소금에 버무려 20분 동안 절인다.

대파는 곱게 채 썬다.

마른 고추는 씨를 빼고 얇게 썬다.

모든 재료를 뜨거운 참기름에 버무린다.

피클 주스를 붓고 골고루 섞는다.

고소한 감칠맛이 뛰어난

중국식 오이피클

🧺
청오이 2개
생강 1개
대파 흰 부분 1대
마른 고추 1개
굵은소금 1큰술
참기름 1큰술

➖
식초 1컵
설탕 140ml

🔒
냉장실에서 2주일

01 오이는 깨끗이 씻은 다음 6cm 길이로 썰어 열십자로 가른다.

02 오이를 소금에 버무려 20분 정도 절인 다음 물에 헹궈 물기를 꼭 짠다.

03 생강과 대파는 얇게 채 썰고, 마른 고추는 꼭지와 씨를 제거한 뒤 얇게 채 썬다.

04 그릇에 오이, 생강, 대파, 마른 고추를 섞어 담고,
    뜨겁게 달군 참기름을 부어 고루 섞는다.

05 준비한 식초와 설탕을 골고루 섞어 피클 주스를 만든다.

06 용기에 ④를 담고 피클 주스를 붓는다.

07 냉장실에 바로 넣고 하루 정도 숙성하여 먹는다.

+TIP

+ 마른 고추를 얇게 썰 때 칼보다는 가위를 이용하면 훨씬 수월하다.

+ 매운맛이 있어 기름진 요리와 곁들이면 잘 어울리고, 평상시 밥반찬으로 먹어도 좋다.

● 중국식 매운 오이피클 만드는 법

손질한 오이는 소금에 버무려
20분 동안 절인다.

액체 재료를 먼저 골고루 섞는다.

가루 재료와 다진 마늘을 섞는다.

마른 고추 등 향신료를 섞어
피클 주스를 만든다.

손질한 재료와 피클 주스를 골고루 섞는다.

용기에 모두 담는다.

매콤함이 입맛을 돋우는
중국식 매운 오이피클

청오이 2개
굵은소금 1작은술

식초 4큰술
설탕 6큰술
고추기름 5큰술
간장 2큰술
소금 1작은술
마른 고추 1개
마늘 6쪽
통후추 1작은술
정향 1작은술
팔각 2개

냉장실에서 2주일

01 오이는 깨끗이 씻은 다음 6cm 길이로 썰어 열십자로 가른다.

02 오이는 소금에 버무려 20분 정도 절인 다음 물에 헹궈 물기를 꽉 짠다.

03 피클 주스에 사용할 마른 고추는 꼭지와 씨를 제거해 얇게 채 썰고 마늘은 굵게 다진다.

04 그릇에 식초, 설탕, 고추기름, 간장, 소금, 다진 마늘을 넣고
    설탕과 소금이 잘 녹을 수 있도록 골고루 젓는다.

05 ④에 통후추, 정향, 팔각, 마른 고추를 섞어 피클 주스를 만든다.

06 용기에 오이를 담고 피클 주스를 부어 냉장실에 보관한다.

07 2주일 정도 숙성한 다음 먹는다.

+TIP

+ 알싸하게 매운맛이 나므로 튀김 요리나 고기 요리와 잘 어울린다.
+ 통후추, 정향, 팔각은 강한 향신료로 통째로 먹을 수 없으니 주의해 사용한다.

속속들이 깊은 맛이 밴

방울토마토 메추리알피클

🧺
방울토마토 10개
삶은 메추리알 6개

🥫
물 2큰술
화이트 식초 ½컵
꿀 2큰술
월계수 잎 1장
소금 2작은술
통후추 ½작은술

🔒
냉장실에서 2주일

01 방울토마토는 꼭지 반대편에 칼집을 넣고 끓는 물에 넣었다가 뺀 다음 껍질을 벗긴다.

02 냄비에 피클 주스 재료를 넣고 소금이 녹을 때까지 끓인다.

03 용기에 메추리알과 방울토마토를 담고 피클 주스를 붓는다.

04 뚜껑을 덮고 병을 거꾸로 뒤집어 실온에서 식힌 후 냉장실에 보관한다.

05 반나절 정도 숙성한 뒤 먹는다.

+TIP

+ 시판하는 삶은 메추리알은 흐르는 물에 한 번 헹군 다음 사용한다.

+ 냄비에 메추리알이 잠길 정도로 물을 붓고 소금과 식초를 약간씩 넣고 중간 불에서
10분 정도 삶아 건진 다음 찬물에 완전히 식혀 껍질을 깐다.

● 만드는 법

꼭지 반대편에 칼집을 낸다.   끓는 물에 살짝 데쳐 바로 찬물에 식힌다.   껍질을 벗긴다.   용기에 담고 피클 주스를 붓는다.

매콤달콤 고소함이 함께
오리엔탈 채소피클

🧺
셀러리 1대
오이 1/2개
당근 1/2개

🍱
식초 4큰술
설탕 2작은술
맛술 2작은술
청주 2작은술
참기름 1작은술
우스터소스 1작은술
고추장 1/2작은술

🔒
냉장실에서 2주일

01 셀러리는 섬유질을 제거하고 오이, 당근과 함께 두께 1.5cm, 길이 5cm 정도로 썬다.

02 끓는 물에 셀러리, 오이, 당근을 넣고 20~30초 정도 데친 뒤 체에 밭쳐 물기를 뺀다.

03 그릇에 피클 주스 재료를 넣고 골고루 섞는다.

04 용기에 ②와 ③을 담고 뚜껑을 덮어 냉장실에 보관한다.

05 하루 정도 숙성한 뒤 먹는다.

+TIP

+ 채소를 데치면 피클 주스가 속속들이 빨리 밴다.

+ 채소는 물에 삶는 대신 전자레인지에 2분 정도 데워 피클을 만들어도 좋다.

● 오리엔탈 채소피클 만드는 법

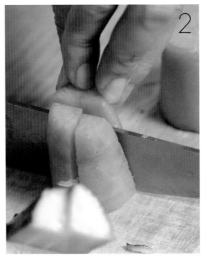

오이의 돌기 부분을 긁어낸다.

오이와 당근은 먹기 좋은 길이로 썰어 1/4등분 한다.

데친 재료의 물기를 뺀다.

피클 주스를 섞어 재료에 붓는다.

골고루 버무린다.

너무 두꺼운 재료는 한 번 더 가른다.

셀러리도 같은 크기로 썬다.

손질한 재료를 끓는 물로 데친다.

건더기부터 용기에 담는다.

남은 건더기와 주스를 모두 담는다.

탱글탱글 씹는 맛 좋은

새우피클

🧺
칵테일 새우(냉동) 1컵
양파(중간 크기) 1/2개
마늘 1쪽
파슬리 잎 5장

🥫
물 2/3컵
사과 식초 1/2컵
월계수 잎 2장
통후추 1작은술
셀러리 씨 1작은술
머스터드 씨 1작은술

🔒
냉장실에 1개월

01 칵테일 새우는 흐르는 물에 깨끗이 씻어 물기를 뺀다.

02 양파는 반만 갈라 채 썰고, 마늘은 꼭지를 떼고 편으로 썬다.

03 파슬리는 잎 부분만 떼어낸다.

04 그릇에 월계수 잎을 제외한 피클 재료를 모두 넣고 골고루 섞는다.

05 용기에 손질한 새우와 채소, 월계수 잎을 담고 ④를 붓는다.

06 뚜껑을 덮고 냉장실에 넣어 1~2일 정도 숙성한 뒤 먹는다.

+TIP

+ 생새우를 사용할 경우 냄비에 새우, 화이트 와인을 넣고 중간 불에서 삶아 익힌다. 새우는 껍질을 벗기고 꼬리는 떼어낸 다음 피클을 만들어야 한다.

+ 새우피클은 크림치즈, 방울토마토 슬라이스와 함께 크래커에 얹어 먹으면 맛있다.

● 만드는 법

새우는 물에 헹궈 건진다.

파슬리는 잎만 뗀다.

손질한 재료를 섞는다.

피클 주스와 섞어 용기에 담는다.

하얀 달걀피클

노란 달걀피클

빨간 달걀피클

● 달걀피클 만드는 법

달걀은 완숙으로 삶아 찬물에 담가 식힌다.

달걀 껍질을 벗긴다.

홍고추는 송송 썬다.

피클 주스를 한소끔 끓인다.

달걀을 넣는다.

홍고추를 넣고 한소끔 더 끓인다.

담백하고 부드럽게 즐기는
달걀피클

달걀 6개

물 ½컵
식초 ½컵
설탕 3큰술
치킨스톡(고형) ¼개
홍고추 1개
통후추 ½작은술
월계수 잎 1장

냉장실에서 1~2주일

01 냄비에 달걀이 잠길 정도로 물을 붓고 소금과 식초를 약간씩 넣어 중간 불에서 15분 정도 삶아 바로 찬물에 식혀 껍질을 벗긴다.

02 피클 주스에 사용할 홍고추는 송송 썬다.

03 냄비에 피클 주스 재료를 모두 넣고 설탕이 녹을 때까지 끓인다.

04 ③에 달걀과 홍고추를 넣고 한소끔 끓인다.

05 용기에 삶은 달걀을 담고 피클 주스를 붓는다.

06 뚜껑을 덮고 병을 거꾸로 뒤집어 실온에서 식힌 후 냉장실에 보관한다.

07 3~4시간 정도 숙성한 뒤 먹는다.

+TIP

+ 피클 주스에 물 대신 비트 삶은 물을 넣으면 빨간색, 카레 가루 1작은술을 넣으면 노란색을 낼 수 있다.

+ 달걀피클은 반으로 썰거나 슬라이스 하여 카나페 등을 만들어 먹을 수 있다.

PICKLE
특별한
활용 요리

피클은 대부분 다른 요리에 곁들여 먹는
반찬과 비슷한 구실을 한다. 하지만 피클
을 잘 활용하면 다양한 요리를 손쉽게 만
들 수 있다. 피클 특유의 새콤달콤한 맛이
입맛을 돋우고, 여러 가지 재료와 두루 어
울리기 때문이다.

포도 타르트
청포도피클 p. 137

청포도피클은 과일과 피클 주스의 새콤달콤한 맛이 잘 어우
러져 디저트로 활용할 수 있는 아이템이다. 타르트 틀을 구입
하거나 만들어서 부드러운 크림치즈로 속을 채운 다음 청포
도피클을 올린다. 청포도피클은 알알이 통째로 올려도 좋고,
반으로 썰거나 슬라이스 하여 올려도 된다. 이미 완성한 시판
타르트를 사서 청포도피클 토핑만 올리는 것도 아이디어! 적
포도도 청포도와 같은 방법으로 피클을 만들어 활용하면 된
다. 단, 씨가 없는 것이 적당하다.

애플 시나몬 아이스크림

사과피클 p. 141

사과피클은 부드러우면서도 아삭한 맛이 살아 있고, 말린 자두와 건포도, 시나몬 스틱과 섞어 피클을 만들기 때문에 그대로 먹어도 디저트에 가까운 맛이 난다. 바닐라 아이스크림 1~2스쿱에 사과피클, 말린 자두, 건포도를 함께 얹고 시나몬 스틱으로 장식한다. 여기에 메이플 시럽이나 초콜릿 시럽을 약간 뿌리면 달콤하고 맛있는 디저트를 뚝딱 완성할 수 있다. 사과피클을 잘게 썰어 아이스크림과 켜켜이 쌓아 컵에 담고 슈거파우더나 코코아파우더를 뿌려 장식해도 좋다.

과일 팬케이크

모둠 과일피클 p. 147

모둠 과일피클은 숙성되면서 여러 가지 과일 맛이 우러나 피클 주스의 풍미도 한결 좋아진다. 피클 건더기와 함께 주스를 살짝 끓여 신맛을 날려버리면 달콤한 소스로 어디에든 활용할 수 있다. 달걀, 밀가루, 베이킹파우더로 반죽한 부드러운 팬케이크를 구워 모둠 과일피클을 곁들인다. 건더기만 올린 다음 시럽과 슈거파우더를 뿌려도 좋고, 피클과 주스를 조려 팬케이크에 올려도 맛있다. 이외에도 토스트, 크레이프, 와플 등에도 활용할 수 있으며, 아이스크림과도 잘 어울린다.

컵케이크

단호박피클 p. 97

담백함 가운데 달콤한 맛이 살아 있는 단호박피클은 가열해 익히면 새콤한 맛이 줄어들면서 달콤한 맛이 배가된다. 달걀 1개, 설탕 60g, 소금 $\frac{1}{2}$작은술을 넣고 설탕이 녹을 때까지 거품기로 젓는다. 카놀라유 약간, 박력분 1컵, 베이킹파우더 1작은술을 넣고 섞는다. 단호박피클을 $\frac{1}{3}$컵 넣고 가볍게 섞는다. 컵에 반죽을 넣어 찜통에서 4~5분 정도 찌면 컵케이크가 완성된다. 오븐 없이도 누구나 만들 수 있는 영양 간식이다. 단호박피클을 얇게 저며 떡을 만들 때 넣어도 맛있다.

닭가슴살 토르티야

양배추피클 p. 21

아삭한 맛이 좋고, 듬뿍 먹어도 소화가 잘되는 양배추피클은 육류와 잘 어울린다. 닭가슴살을 소금, 후추로 간한 다음 담백하게 구워 먹기 좋은 크기로 도톰하게 썬다. 달군 팬에 토르티야를 올려 앞뒤로 노릇하게 구워낸다. 닭가슴살과 양배추피클을 섞어 토르티야 위에 올린다. 양배추피클에 새콤달콤하고, 짭짤한 맛이 있어 다른 드레싱이 필요 없지만 매콤한 칠리소스 종류를 곁들여도 맛있다. 양배추피클은 치즈, 고기, 소시지 등을 올리는 피자의 토핑으로 활용해도 좋다.

새우 채소말이
콜라비피클 p. 39

바게트 샌드위치
무 당근피클 p. 17

얇게 썰어 만드는 콜라비피클은 고기 요리와 곁들이거나 고기를 싸 먹을 수도 있고 맛이 신선하고 개운한 채소말이도 간단하게 만들 수 있다. 냉장고 속 자투리 채소를 길고 가늘게 썰고 냉동 새우살을 데쳐 콜라비피클에 돌돌 말아낸다. 곁들이는 소스는 겨자소스, 허니머스터드소스, 와사비마요네즈 등이 잘 어울린다. 속에 넣는 채소는 파프리카, 당근, 양파, 양배추, 오이 등 무엇이든 좋으며 무순을 곁들이면 개운한 맛이 더욱 살아난다. 새우 대신 햄을 넣어도 맛있다.

아삭거리는 식감이 좋은 무 당근피클은 입맛을 돋우는 최고의 곁들임 음식이라 다른 요리에 활용하기도 좋다. 육류가 들어가는 샌드위치에 넣으면 식었을 때 생길 수 있는 고기의 잡냄새도 잡아주며 개운한 맛도 잘 어울린다. 달착지근하게 양념한 돼지고기, 소금과 후추만 뿌려 구운 쇠고기나 닭고기, 베이컨이나 햄 등 어떤 재료든 잘 어울린다. 빵은 바게트, 햄버거나 핫도그빵, 식빵 등을 활용한다. 빵에 마요네즈나 머스터드를 바르고 무 당근피클과 여러 가지 재료를 올린다.

크림치즈 카나페

새우피클 p.163

그린샐러드

토마토피클 p.113

새우피클은 새콤하고 개운한 이탈리아식 해산물 샐러드와 비슷한 맛이 난다. 새우피클을 양파와 함께 덜어내 샐러드에 섞어 먹어도 좋지만 색다른 맛을 보고 싶다면 카나페를 만들어보자. 새우피클은 양파와 함께 건져 물기를 빼 둔다. 담백한 맛의 크래커에 크림치즈를 바르고 새우피클을 올린 다음 통후추를 갈아 살짝 뿌린다. 크래커 대신 빵을 바삭하게 구워 활용해도 좋고, 크림치즈 대신 슬라이스 치즈나 카망베르치즈 같은 부드러운 질감의 치즈를 올려도 잘 어울린다.

토마토피클은 다양한 샐러드에 활용할 수 있다. 자주 먹는 샐러드 채소와 섞어 올리브 오일 드레싱을 곁들여 먹는 것이 가장 간단한 방법이다. 모차렐라치즈나 파르메산치즈를 얇게 썰어 토마토피클과 곁들인 다음 바질 페스토와 발사믹 식초를 뿌려 먹으면 맛있고 같은 재료로 샌드위치를 만들어도 좋다. 바게트를 한입 크기로 썰어 바삭하게 구운 다음 잘게 썬 토마토피클, 올리브, 앤초비 등을 올려 애피타이저나 술안주로 즐길 수도 있다.

에그 카나페
달걀피클 p. 167

삼각주먹밥
연근피클 p. 87

달걀로 피클을 만드는 것은 낯설 수 있지만 담백한 맛 가운데 은은하게 배어나는 새콤한 맛에 금세 반할 것이다. 달걀피클은 카레 가루, 비트 등을 활용해 다양한 색으로 만들면 활용 요리가 더욱 돋보일 수 있다. 달걀피클을 반으로 잘라 노른자만 고운 체에 내려 다시 달걀의 속을 채워 카나페로 즐길 수 있다. 노른자에 마요네즈나 머스터드, 소금, 후추를 넣어 골고루 섞은 다음 달걀흰자, 오이, 양파 등을 잘게 썰어 섞으면 부드러운 달걀샐러드를 만들 수 있다.

연근피클은 새콤한 맛과 아삭거리는 식감이 입맛을 돋운다. 피클의 특성상 쉽게 상하거나 맛이 변하지 않기 때문에 도시락용 주먹밥 등을 만들 때 활용하면 다른 반찬 없이 먹을 수 있는 한 끼 요리가 된다. 연근피클의 물기를 충분히 뺀 다음 굵직하게 다져 밥과 섞는다. 이때 참기름, 깨소금, 또는 검은깨 등을 함께 넣어주면 고소한 맛이 훨씬 좋아진다. 주먹밥은 삼각형으로 빚어 김밥용 김을 살짝 구워 감싼다. 주먹밥을 달군 팬에 노릇하게 구워내면 더욱 맛있다.

원재료에 따라 다양한 맛과 향을 지니는 식초는
피클의 맛을 내는 가장 기본 재료다

VINEGAR

식초는 피클의 맛을 내는 핵심 재료이며, 보관 기간을 늘려주는 구실도 한다. 식초는 원재료와
숙성 기간에 따라 새콤한 맛과 향의 정도가 달라진다. 일반 양조 식초가 가장 센 맛과 향이 나며,
과일로 만든 식초는 향긋함을 더할 수도 있고, 곡물 식초는 부드러운 맛이 난다.

양조 식초 어디서나 쉽게 구할 수 있는 식초이며 가격도 저렴해 부담이 없다. 본래 양조 식초는 주정 식초, 과일 식초, 곡물 식초를 일컫는 통칭인데, 시중에서는 주정 식초를 양조 식초라 이름 붙여 판매하는 것이 일반적이다. 양조 식초는 특유의 톡 쏘는 맛과 향이 유난히 강하다. 수입산 화이트 식초도 있는데 우리나라 양조 식초보다 산도가 낮고 향도 은은해 부드럽다. 피클을 부드럽게 즐기고 싶다면 과일이나 곡물로 만든 식초, 화이트 식초 등과 섞어 사용하면 된다.

곡물 식초 쌀이나 현미 같은 곡식을 밥으로 짓거나 쪄서 발효하여 만든 식초다. 일반 양조 식초보다 톡 쏘는 맛이 덜하고 향도 순하다. 쌀과 현미에 보리, 조, 수수 등을 섞어 만드는 잡곡 식초도 있고, 흑미로 만드는 흑초도 있다. 양조 식초에 비해 톡 쏘는 맛이 덜하고 향도 순해 피클을 만들 때 사용하면 재료 본연의 풍미가 살아난다.

과일 식초 사과 식초나 레몬 식초처럼 과일로 만든 식초는 새콤하면서도 과일의 은은한 맛과 향이 배어나와 상큼함을 더한다. 화이트 와인 식초는 일반 식초보다 산도가 낮아 맛이 부드럽고 향도 자극적이지 않아 피클 재료 본연의 맛을 잘 살려주지만 가격이 비싼 편이다. 수입산 애플 사이다 식초는 국내에서 생산하는 사과 식초보다 부드러우며 사과의 향이 풍부하게 난다. 과일 식초는 다른 곡물 식초나 양조 식초, 화이트 식초를 섞어 사용해도 맛있다. 감을 발효하여 만드는 감식초는 향과 맛이 부드럽지만 색이 짙고 침전물이 생길 수 있으며, 보관 온도에 따라 발효가 계속 진행되어 맛이 변할 수 있다.

설탕과 소금은 재료의 맛을
끌어내 풍성한 맛의 조화를
완성하는 구실을 한다

SALT & SUGAR

소금과 설탕은 식초와 함께 피클의 맛을 완성하는 가장 기본 재료다. 소금은 재료를 절이고 밑간을 하며, 피클 주스의 짭짤한 맛을 낸다. 설탕은 식초와 함께 어우러져 감칠맛을 만든다. 설탕 대신 꿀·올리고당·시럽·과일의 청을 사용해도 좋지만, 주재료의 맛과 향을 살리려면 향이나 색이 진하지 않은 것이 좋다.

굵은소금　물기가 많은 채소 같은 경우는 소금에 살짝 절여 수분을 뺀 다음 피클을 만들어야 아삭한 맛도 살아나고 보관 기간도 길어진다. 채소에 밑간이 되기 때문에 짭짤한 맛을 조절하는 구실도 한다. 껍질째 피클을 만드는 채소와 과일은 세척할 때 굵은소금으로 껍질을 문질러 닦으면 잔류 농약이나 불순물을 제거하는 데 효과적이다. 굵은소금은 종류에 따라 짠맛이 조금씩 달라 조절이 필요하다. 대신 꽃소금을 사용해도 좋은데 꽃소금은 짠맛이 강하니 재료를 절일 때 소금의 양과 시간을 줄이는 것이 좋다.

가는소금　피클 주스는 여러 가지 재료를 섞어 한소끔 끓여 사용하는 경우가 대부분이지만 가열하지 않고 고루 섞어 피클을 만들 때도 있기 때문에 입자가 가는 소금이 여러 모로 편리하다. 가는소금은 즐겨 쓰는 굵은소금을 곱게 갈아 쓸 수도 있고 다양한 시판용 소금을 활용하면 되는데, 염도 차이가 나기 때문에 입맛에 맞게 조절해야 한다. 피클 만들기에 익숙지 않으면 피클 주스를 약간 싱겁게 만든 다음, 숙성된 피클의 맛을 보고 피클 주스에 소금을 더해 간을 맞출 수도 있다.

설탕　설탕은 백설탕·황설탕·유기농 설탕 무엇이든 좋지만, 흑설탕은 피한다. 단맛은 같지만 피클 주스의 색이 너무 진하기 때문에 식감을 떨어뜨릴 수 있다. 설탕은 종류에 따라 당도는 비슷하지만 입자의 크기에 따라 물에 쉽게 녹지 않는 것이 있으니 끓이지 않고 만드는 피클 주스에는 입자가 고운 설탕을 사용하도록 한다. 원당의 함량을 낮춘 기능성 설탕도 당도는 비슷하기 때문에 일반 설탕과 비슷한 양을 사용한다.

꿀　설탕이나 올리고당과 함께 섞어 사용해도 좋고 꿀만 사용해도 되는데, 종류에 따라 떫거나 씁쓸한 맛이 날 수 있으니 주의한다. 대부분의 꿀은 같은 양의 설탕을 썼을 때보다 단맛이 더 강하다. 꿀 대신 올리고당이나 메이플 또는 아가베 시럽, 과일로 만든 청이나 추출물 등을 사용해도 좋다. 단, 맛과 향, 색이 제각각이기 때문에 입맛에 맞게 조절해야 하고, 재료와의 궁합도 고려해야 한다.

여러 가지 향신료가 어떻게
조화를 이루느냐에 따라 피클의
맛과 향이 수없이 다양해진다

SPICE

피클은 여러 가지 스파이스, 즉 향신료의 조화로 만들어지는 음식이다. 기본적으로 식초·소금·설탕으로 맛을
내지만, 피클 특유의 매력은 다양한 향에 있다. 피클을 만들기 쉽게 전용 스파이스로 판매하는 제품이 있어 편리하게
활용할 수 있다. 피클링 스파이스에 원하는 향신료를 더해 자신만의 독특한 피클을 만들어도 좋다.

피클링 스파이스	여러 가지 향신료를 섞어놓은 것으로, 시중에서 쉽게 구할 수 있다. 재료 속속들이 조화로운 향이 스며들어 입맛을 돋우는 데 한몫하는 재료다. 검은 후추, 겨자씨, 회향, 코리앤더가 주재료로 여기에 넛 매그, 캐러웨이 씨, 카다몬, 정향, 시나몬, 딜, 월계수 잎 등을 소량 섞어 만든 것이다.
후추	살균 효과가 있는 후추는 블랙, 화이트, 레드, 그린 등 종류가 다양하다. 주로 쓰는 블랙과 화이트 페퍼는 매콤한 맛과 향이 난다. 맛이 부드러운 레드 페퍼는 통째로 먹을 수 있고, 그린 페퍼는 향이 산뜻하다.
정향·팔각	정향의 영어 이름은 클로브로 식물의 꽃봉오리를 말려 만든 향신료다. 작은 못처럼 생겼고, 첫 향은 자극적이지만 숙성할수록 은은한 향이 난다. 활짝 핀 꽃이나 별처럼 생긴 팔각은 매그놀리아라는 목련과나무의 열매다. 중국요리에 많이 쓰이며, 식재료의 잡냄새를 없애고 달콤한 듯 독특한 향과 은은한 맛이 식욕을 돋운다.
머스터드 씨	겨자꽃의 씨를 통으로 말린 것으로, 가루 내거나 굵게 빻아서 소스, 스프레드, 드레싱 등에 두루 활용하는 향신료다. 알싸한 향과 맛이 나지만 고추나 고추냉이처럼 강렬한 매운맛이 아니라서 누구나 쉽게 즐길 수 있다.
카레 가루	카레 가루는 독특한 향과 맛으로 채소, 육류, 해산물 등 어떤 재료와도 잘 어울리며 숙성해도 그 맛과 향이 변하지 않는다. 재료에 노란색 물을 들여 먹음직스럽게 보이는 구실도 한다.
고추	매콤한 맛과 향을 낸다. 마른 고추는 감칠맛이 도는 진한 매운맛이 나고, 싱싱한 고추는 상큼하면서 개운한 매운맛이 난다. 마른 고추는 베트남 고추, 이탈리아의 페페론치노 등으로 대신할 수 있다.
마늘·생강	마늘은 생으로 먹으면 입속이 아릴 정도로 맵지만, 소금 또는 식초에 절이거나 가열하면 단맛이 우러난다. 편으로 썰어 넣으면 다른 재료의 맛과 향을 돕는다. 생강은 처음에는 매운 향이 강하나 숙성할수록 달착지근하다. 아주 얇게 저미지 않는 한 본래의 강한 맛과 향이 그대로 남아 먹을 때 주의해야 한다.

종류가 다양한 여러 가지 허브는 소량으로도
피클의 풍미를 다채롭게 변화시킬 수 있다

HERB

허브는 피클에 향긋함을 선사하는 재료로 맛에 큰 영향을 미치지는 않는다. 단, 종류에 따라 향이 다양하기 때문에
기호에 맞춰 선택하는 것이 좋다. 신선한 허브가 향과 맛이 좋지만 구하기 어렵다면 드라이 허브를 사용한다.
드라이 허브는 피클 주스에 넣어 끓여도 괜찮은데, 신선하고 부드러운 것은 칼로 다져 피클 주스에 섞는다.
아래 소개한 허브 이외에도 기호에 따라 민트, 라벤더, 타임, 마조람, 차빌 등을 두루 활용해 피클을 만들어본다.

딜　　생선 비린내나 고기 특유의 누린내를 없애는 데 효과적이며, 피클에 넣으면 개운하면서도 감칠맛 나는 향이
은은하게 밴다. 단, 향이 매우 강한 허브라 기호에 따라 거부감이 생길 수도 있으니 소량만 사용하는 것이 좋
다. 향이 강하지 않은 채소라면 두루 어울리며, 특히 오이와 궁합이 좋다.

로즈메리　　은은하지만 강렬한 향이 나는 허브로 감자, 고구마, 호박, 가지 등과 잘 어울린다. 신선한 것이 없다면 드라이
허브를 사용해도 좋으며, 향이 강하고 오래 가기 때문에 소량만 사용한다. 신선한 것이라도 줄기와 잎이 단단
해 피클 주스에 넣고 끓여 사용해도 좋다. 말린 것은 주로 다져서 판매한다.

파슬리　　주로 이탤리언 파슬리를 활용한다. 이탤리언 파슬리는 줄기가 길고 연하며, 잎이 넓고 색이 연한 초록색이다.
부드러우면서 진한 향이 입맛을 돋운다. 이파리 색이 진하고 곱슬곱슬하며 잎이 봉오리처럼 뭉쳐 있는 일반
파슬리는 풋내가 나기 때문에 미리 다져서 물에 헹궈 키친타월에 올려 물기를 빼고 사용하면 된다.

바질　　민트과에 속하는 허브로 달콤한 향과 약간 쌉싸래한 매운맛이 난다. 잎이 큼직하지만 부드러워 쉽게 물러지
기 때문에 피클 주스에 넣고 함께 끓이지 않도록 한다. 피클 용기의 뚜껑을 닫기 전에 잎을 통째로 또는 굵직
하게 다져 넣는다. 마늘, 토마토, 가볍게 숙성한 치즈, 여러 가지 오일과 맛 궁합이 잘 맞는다.

월계수 잎　　월계수 나무의 잎을 그대로 말린 것으로 다양한 요리에 향신료로 쓰인다. 생잎은 약간 쓴맛이 나지만 말린 월
계수 잎은 달콤한 맛과 향이 더욱 진해져 입맛을 돋우기에 그만이다. 말린 잎은 피클 주스에 넣고 팔팔 끓이
거나 오랫동안 숙성해도 물러지거나 변하지 않는다.

COLOR
FOOD

WHITE

흰색 식품은 면역력과 저항력을 키우고 호흡기를 튼튼하게 한다

흰색을 만들어내는 플라보노이드는 항암 효과가 있으며 체내 산화 작용을 억제한다. 몸속 유해 물질과 나쁜 콜레스테롤을 체외로 배출하고 세균과 바이러스에 대한 저항력을 키워 면역력 증강에 도움이 된다. 폐를 비롯한 호흡기를 튼튼하게 하며 골다공증에도 효과가 있다. 흔히 광합성을 하지 않는 뿌리채소류에 많은데, 독특한 향과 맛을 지닌 식품이 대부분이다. 대표적으로 무, 배추, 양파, 연근, 우엉, 도라지, 콜리플라워, 마늘, 버섯, 배, 숙주, 콩나물 등이 있다.

무는 매운맛·쓴맛·단맛이 골고루 나는 채소로 여러 가지 요리에 두루 쓰인다. 무는 노화를 방지하고 항암 작용을 하며, 소염 성분이 들어 있어 충치 예방에도 도움이 된다. 음식물의 소화 흡수를 도우며 기관지 치료에도 효과가 좋은 식품이다. 게다가 양파는 강력한 항산화 효과가 있으며 체내 유해 물질인 중금속이나 니코틴 등을 배출하는 데 도움이 된다. 마늘의 알리신은 항암 효과가 있으며 콜레스테롤을 낮추는 데 도움이 된다. 인삼·도라지·더덕은 면역력을 높여주고 호흡기 건강에 좋다. 사포닌이 풍부하게 들어 있는 더덕은 여성의 생리 불순을 개선하고, 산모의 모유를 풍부하게 해준다. 배는 소화력이 약하고 폐와 기관지 질병을 자주 않는 사람이 꾸준하게 먹으면 효과를 볼 수 있다.

COLOR FOOD

우리가 먹는 채소와 과일의 색은 크게 7가지로 나눌 수 있다. 흰색·녹색·노란색·주황색·빨간색·보라색·검은색인데, '파이토케미컬(phytochemical)'이라는 영양소에 의해 여러 가지 영양 성분이 달라진다. 영어로 식물을 뜻하는 '파이토(phyto)'와 화학을 뜻하는 '케미컬(chemical)'의 합성어로 채소와 과일에 함유되어 있는 다양하고 고유한 영양소를 일컫는 말이다. 예를 들어 자연 재료에서 추출한 아스피린, 타닌, 페놀 등의 성분이 있으며 주로 색이 화려하고 짙은 식품에 많이 들어 있다.

COLOR FOOD

GREEN

녹색 식품은 몸에 활력과 생기를 불어넣으며 디톡스 효과가 있다

녹색 식품에 풍부하게 들어 있는 엽록소는 피로 해소에 효과가 좋고, 세포 재생을 도와 노화 예방에도 도움이 된다. 대부분 초록색 식품에는 클로로필 성분이 풍부하게 들어 있어 중금속 등 몸속 유해 물질을 체외로 배출해준다. 모세혈관을 확장시키고, 베타카로틴은 간과 폐의 활동을 도와 술□담배를 즐기는 이들의 건강에 도움이 된다. 오이, 브로콜리, 셀러리, 호박, 양상추와 시금치를 비롯한 여러 가지 잎채소, 아스파라거스, 풋콩과 완두콩, 풋토마토, 알로에, 녹차, 청포도, 키위, 매생이 등 녹색 식품의 종류는 굉장히 다양하다.

오이 껍질의 짙은 초록색에는 베타카로틴이 풍부하게 들어 있어 면역력 증강에 도움이 되며, 체내에서는 비타민 A로 흡수되어 눈, 기관지, 호흡기 등이 건강하도록 돕는다. 브로콜리는 독특한 맛도 좋지만 암과 노화를 방지하는 구실을 하며, 클로로필이 특히 풍부하게 들어 있어 혈액순환에 큰 도움을 준다. 완두콩의 섬유질은 변비를 예방하며, 단백질이 풍부해 성장기 아이들과 임신부의 영양에 도움이 된다. 또한 라이신이 다량 함유되어 있어 부종을 막아주기도 한다. 양상추는 면역력을 키우는 베타카로틴과 장 운동을 활발하게 하는 클로로필이 풍부하게 들어 있어 생리 기능을 두루 도와준다.

COLOR FOOD
YELLOW & ORANGE

노란색 식품은 혈액순환과 피부 미용에 좋다

노란색 식품은 면역력을 높이는 베타카로틴과 루테인 성분을 평균적으로 가장 많이 함유하고 있다. 암을 예방하고 혈액순환을 개선하며, 시력 증진과 피부 미용에 두루 도움이 된다. 노란색 식품에는 레몬, 유자, 노란색 파프리카, 고구마, 생강, 단호박, 늙은 호박, 옥수수, 카레 등이 있다.

늙은 호박과 단호박에는 베타카로틴과 비타민 B·C가 풍부하게 들어 있어 감기와 중풍을 예방하고 소화 흡수와 이뇨 작용을 돕는다. 고구마는 노란색이 짙을수록 베타카로틴 함량이 높은 것으로 암을 예방하는 데 도움이 되며, 변비 치료에 탁월한 효과가 있다. 카레는 강황 또는 울금이라는 식물에서 나온 것으로 항암 효과, 뇌졸중과 치매 예방에 도움이 된다고 알려져 있다.

주황색 식품은 피로 해소와 눈 건강에 도움이 된다

주황색 식품은 알파카로틴, 베타카로틴, 크립토잔틴 등이 함유되어 있어 식욕을 돋우고, 소화를 돕는다. 비타민 C가 풍부해 피로 해소에 도움이 되며, 피부와 장기를 환경오염으로부터 보호하는 기능이 있다. 무엇보다 눈의 망막을 보호하고, 피로 해소를 도와 노안 속도를 늦추며, 백내장을 예방하는 효과가 있다. 주황색 식품에는 오렌지, 귤, 망고, 당근, 주황색 파프리카 등이 있다.

오렌지는 비타민 C가 풍부해 항암 작용 효과가 탁월하며, 주황색을 내는 헤스페레틴은 콜레스테롤을 낮추고 혈액순환을 도와 심장 질환을 예방하는 구실을 한다. 귤의 색소 성분인 크립토잔틴은 항암 효과가 있으며 감기를 예방하고 피부를 좋게 한다. 귤껍질에는 식이섬유가 풍부해 장 기능을 돕는다. 주황색 파프리카에는 카로티노이드가 풍부해 활성산소 활동을 억제하여 노화를 늦추며, 피부 재생과 감기 예방에도 효과가 있다. 베타카로틴이 풍부한 당근은 시력과 면역력을 높이는 데 도움이 된다.

COLOR FOOD **RED**

빨간색 식품은 피를 맑게 하고, 혈관을 튼튼하게 해 심장 기능을 좋게 한다

빨간색 식품 중에는 심장의 기능을 도와 혈액을 맑게 하고 노화를 방지하는 것이 많다. 붉은색을 내는 라이코펜은 비타민 E의 100배, 카로틴의 2배가 넘는 항산화 효과를 낸다. 체내 유해 산소와 독소를 제거하는 데 탁월한 효과를 발휘하여 면역력을 높이고, 혈액순환을 좋게 하여 심장을 튼튼하게 한다. 아스피린보다 10배 강한 소염 작용을 하는 안토시아닌과 노화를 방지해주는 토코페롤도 함유하고 있다. 토마토, 래디시, 빨간 파프리카, 고추, 수박, 사과, 체리, 대추, 석류 등이 있다.

라이코펜이 풍부하게 들어 있는 토마토는 강력한 항암 작용을 한다. 특히 유방암, 전립선암, 소화기 계통 암에 효과적이다. 라이코펜은 알코올을 분해하고 체내 독성 물질을 배출해 숙취와 피로 해소에도 효과적이다. 씨를 먹는 석류는 항산화 기능이 뛰어난 과일로 알려져 있는데, 활성산소 발생을 억제하기 때문이다. 석류에 들어 있는 타닌 성분은 혈액을 맑게 해 동맥경화를 예방하는 데에도 도움이 된다. 붉은 고추는 색을 내는 캡산틴과 매콤한 맛을 내는 캡사이신 성분이 들어 있는데 항산화 작용, 노화 방지, 항암 효과 등이 있다. 특히 캡사이신은 몸을 따뜻하게 해주고, 신진대사가 원활하도록 도와 다이어트에 효과가 있다.

PURPLE & BLACK

보라색 식품은 항산화 작용을 한다

보라색 식품에는 안토시아닌이라는 색소 성분이 들어 있어 항산화 작용을 하고 노화를 늦춰주며 심장 질환, 뇌졸중을 예방하는 효과가 있다. 폴리페놀도 다량 함유되어 있어 바이러스나 세균의 증식을 억제해 면역력을 높이는 데 도움이 된다. 다른 컬러 채소나 과일과 달리 식욕을 억제하는 작용을 하여 다이어트에도 도움을 준다. 가지, 비트, 적양파, 적양배추, 보라색 감자, 블루베리 등이 있다.

가지는 혈액 속 중성지방의 수치를 낮추고, 좋은 콜레스테롤(HDL)의 수치를 높여 신진대사와 혈액순환을 돕는다. 발암물질의 생성을 억제하는 효과는 시금치보다 2배나 높다. 적양배추는 항암 효과가 뛰어나며 암세포의 증식을 막고 노화를 예방한다. 위의 기능을 개선하며 시력 개선에도 도움이 된다.

검은색 식품은 암을 예방하고 몸의 회복을 돕는다

검은색을 띠게 하는 안토시아닌이 매우 풍부해 항산화 기능을 돕고 면역력과 노화 방지에 도움이 되며, 항암·항궤양에도 효과가 있다. 신장과 심장, 생식기 기능을 도와주는 구실도 한다. 비타민 B_1·무기질·불포화지방산을 함유하고 있어 회복기 환자에게도 좋다. 검은콩, 검은 쌀, 검은깨, 블랙 올리브, 블랙 페퍼, 목이버섯, 김, 다시마 등이 있다.

검은콩에는 단백질과 섬유소뿐 아니라 칼슘, 아연, 철 등도 풍부해 골다공증 예방, 호르몬 분비 조절, 노화 방지, 두뇌 활동 촉진 등을 돕는다. 블랙 올리브는 콜레스테롤 수치를 낮추는 지방산과 비타민 A·C·D·E·F가 풍부하다. 시력 개선, 노화 억제, 암 예방, 혈관 보호, 성인병 예방에 효과가 있다. 다시마는 활성산소를 억제해 노화 방지와 피부 재생 효과가 있으며, 중성지방이 몸에 흡수되는 것을 막아 다이어트에 도움이 된다.

피클을 오래 두고 먹는 방법

피클은 절임 식품이기는 하지만 장아찌처럼 간이 짜지 않아 오래 두고 먹기는 어렵다.
실온에서 숙성하여 냉장 보관하는 방법은 비슷하지만, 재료에 따라서도 보관 기간이 다르다.
재료와 상관없이 여러 가지 피클을 오래 두고 맛있게 먹는 방법 몇 가지를 알아보자.

01 용기를 소독한다

피클은 자극적인 신맛과 짠맛이 나는 식초와 소금이 주재료이며, 대체로 팔팔 끓는 피클 주스를 용기에 바로 붓기
때문에 내열 유리 재질의 용기를 이용하는 것이 가장 좋다. 뚜껑도 밀폐가 잘되어야 제대로 숙성되고 보관 기간도
늘어난다. 피클을 저장하는 용기는 끓는 물에 넣어 소독을 하는 것이 좋다. 그래야 이물질이나 냄새 등이 배지 않아
피클을 맛있고, 아삭거리게 만들어 주며, 오래 보관할 수 있게 해준다.

1 유리는 온도 변화에 민감하기 때문에
찬물일 때부터 넣고 끓이기 시작한다.

2 팔팔 끓으면 용기에 끓는 물이
골고루 닿도록 굴리거나 뒤엎는다.

3 골고루 소독했으면 병 전용 집게나
일반 집게로 병을 꺼낸다.

4 깨끗한 마른 천에 엎어두어 건조시킨다.

5 완전히 마르고 나면 피클을 담는다.

02 거꾸로 엎어 보관한다

완성한 피클을 용기에 담고 뚜껑을 덮어 거꾸로 엎어둔다. 뜨거운 피클 주스를 붓고 실온에서 식힐 때나 완전히 식은 피클을 냉장실에 넣어 보관할 때도 거꾸로 두면 좋다. 재료가 위아래로 섞이면서 맛이 골고루 배기도 하지만 뚜껑 틈새로 공기가 스며들지 않아 피클이 맛있게 숙성되며, 피클 주스가 변질되거나 재료가 물러질 염려가 없다. 뚜껑을 개봉해 먹기 시작한 다음부터는 피클 주스가 용기 밖으로 샐 수 있으니 거꾸로 두지 않는 것이 좋다. 단, 너무 큰 통에 보관하던 피클은 남은 피클 용량에 알맞게 작은 통으로 옮겨주면 용기 속 산소량이 줄어들어 피클이 더 익거나 물러지는 것을 방지할 수 있다.

03 완성한 피클은 용기째 끓인다

피클 재료와 주스를 용기에 전부 넣고 뚜껑을 덮어 찬물에 넣고 끓인다. 병 속의 온도가 높아지고 안에 차 있던 공기가 밖으로 빠져나가면서 병 내부는 진공 상태가 된다. 이렇게 하면 밀폐력이 높아져 피클 주스나 재료의 맛이 쉽게 변하지 않는다. 완성한 피클을 용기째 끓이는 방법은 주재료가 너무 연하거나 잘게 썬 것보다는 덩어리가 크고 단단한 재료로 담근 피클일 때 추천한다. 피클은 대개 내열 용기에 담지만 뜨거운 물에 갑자기 넣으면 깨질 수 있으니 완성한 피클은 찬물에 넣고 끓이기 시작하는 것이 안전하다.

04 피클 주스를 끓여서 다시 붓는다

장아찌를 담글 때 오래 두고 먹기 위해 주로 활용하는 방법인데, 피클 저장법에도 효과가 있다. 처음에 피클 주스를 끓여 붓고 식혀서 냉장 보관한 다음 일정한 숙성 기간이 지나면 피클 주스만 따로 끓여 식혀서 다시 붓는다. 두 번째부터는 피클 주스가 완전히 식은 다음에 부어야 재료가 물러지지 않고 맛도 잘 밴다. 혹시 병을 소독하지 못했다면 이 방법을 활용하는 것도 아이디어. 단단하고 큼직한 재료는 피클 주스를 끓여 다시 붓기를 두세 번 반복하면 좋다. 연하고 부드러운 재료는 물러질 수 있으니 이 방법은 피한다.

찾아보기

피클, 이제 집에서
직접 만들어 신선하게 즐긴다!

입맛 돋우는 초간단 레시피

샘표 '바로만드는 요리초'

사계절 사랑 받는 반찬 중 하나는 바로 초요리! 초요리는 쉬운 듯 어려운 반찬으로서
특히 식초의 양 조절이 어려워 새콤달콤한 맛을 적절히 내기가 여간 까다로운 것이 아니다.
이럴 때 '샘표 바로만드는 요리초' 이면 고민 끝!
'샘표 바로만드는 요리초' 3종 세트만 있으면 요리 초보자들도 누구나 즉석에서 맛있는 초요리를 완성할 수 있다.
요리초로 만든 새콤달콤한 피클로 입맛을 상쾌하게 잡아보자!

바로만드는 피클 요리초

'바로만드는 피클 요리초'는 월계수잎, 통후추 등의 피클링 스파이스를 잘 우려내
알맞게 익힌 아삭한 식감의 새콤달콤한 피클 맛을 그대로 재현할 수 있다.
또 재료에 바로 부어 짧게는 2시간에서 길게는 약 하루 정도 숙성하면 먹음직스러운 피클이
완성되기 때문에 빠르고 간편하게 맛있는 피클을 즐길 수 있다.

- 끓이거나 희석할 필요 없이 야채에 바로 부어 숙성시키면 피클 완성(약 하루).
- 월계수잎, 통후추 등 피클링 스파이스를 잘 우려내어 향긋하고 상큼하다.

바로만드는 간장초절임 요리초

'바로만드는 간장초절임 요리초'는 간장과 레몬이 어우러져 각종 채소에 붓기만 하면
상큼한 맛이 일품인 간장초절임을 금세 만들 수 있다.
너무 짜지도 시지도 않아 누구나 맛있게 즐길 수 있으며, 끓일 필요 없이 요리초 하나면
맛있는 장아찌가 완성된다.

- 끓이거나 희석할 필요 없이 야채에 바로 부어 숙성시키면 간장초절임 완성(약 하루).
- 간장과 상큼한 레몬이 어우러져 입맛을 돋우어 준다.

바로만드는 초무침 요리초

'바로만드는 초무침 요리초'는 고추장, 고춧가루, 겨자 등의 기본 양념만으로 초무침 요리를
할 때 안성맞춤인 제품. 식초의 양을 적절히 조절할 수 있도록 패키지 뒷면에
양념 배합 비율이 자세히 제시되어 있어 편리하게 조리할 수 있으며, 101가지 이상의
초무침 요리를 쉽고 간편하게 완성할 수 있다.

- 고추장, 고춧가루, 겨자, 간장만 있으면 101가지 초무침요리 완성.
- 매실, 레몬, 다시마, 마늘 등으로 맛을 내어, 요리초보자도 손쉽게 초무침 요리를 완성할 수 있다.

• 제품문의 080-996-7777 홈페이지 www.sempio.com

GLOBAL HEALTHY FOOD·PICKLE

PICKLE 피클

초판 1쇄 발행 2014년 1월 15일
초판 6쇄 발행 2015년 2월 15일

발행인 이웅현
발행처 (주)도서출판도도

전무 최명희
편집국장 백진이
편집부 박주희
디자인부 김진희
홍보·마케팅 이인택, 이선영

요리·스타일링 김수경(스튜디오 잇다)
사진 김명훈(반 스튜디오)
교정·교열 이진희
디자인 디렉팅 이지은
요리 어시스턴트 고은진, 김도경, 조윤정
타일 협찬 윤현상재(02-540-0145)

출판등록 제300-2012-212호
주소 서울시 중구 충무로 29 아시아미디어타워 503호
전자우편 dodo7788@hanmail.net
내용문의 02)739-7656(105)
판매문의 02)739-7656(107)

Copyright ⓒ (주)도서출판 도도

ISBN 979-11-85330-06-8
정가 14,800원